JN065226

4次元知的思考の哲学試論

― 4次元図形処理からの発想 ―

山口 富士夫

東京図書出版

目　次

はじめに

　前著『価値理論に基づく4次元哲学試論』（東京図書出版）は、丁寧な提示方法をとったつもりが却って複雑化を来し、本書主張の理解の妨げになった面があるのではと思われた。そこで**より分かり易くなるよう簡潔化と論理の筋道の明確化につとめ**、改題して再度世に問うことにした。

　本書は知的思考の基本原理について、現代哲学の問題点を指摘し、その解消法を提示している。

　このように大胆なことを敢えて公にするとは、数年前にはまったく思ってもみなかったことである。

　筆者の専門は図形処理工学である。

　筆者は図形処理工学の学問としてのあり方を長年にわたって追求してきた。その結果、従来の3次元ユークリッド処理に代わる4次元同次処理に辿り着いたのである。

　両方式の処理空間は、3次元ユークリッド処理では3次元ユークリッド空間、4次元同次処理では4次元同次空間である。4次元同次空間は、3次元ユークリッド空間にそのすべての方向の無限遠点の集合（本書ではこれを4次元空間部分という）を加えた空間である（図 p-1）。

　図 p-2には、4次元同次空間の天球モデルを示す。

　図 p-2は、天球の半径 $r = \infty$ として見るのであるから、3次元ユークリッド空間と4次元同次空間の違いは、ほんの僅かともみなせよう。

　ところが両方式の特性上の違いは絶大である。すなわち、4次元同次処理は、

　図形の数式記述の、一般性（射影不変性）、統一性、簡潔性、双対性

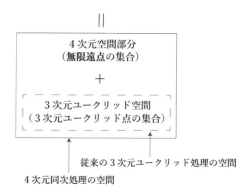

図 p-1　従来の３次元ユークリッド処理
と４次元同次処理の関係

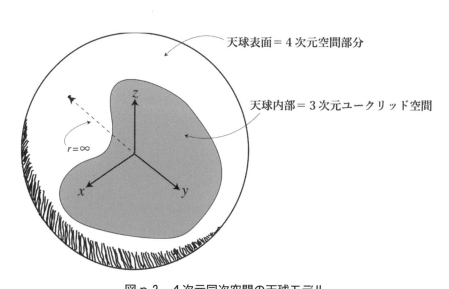

図 p-2　４次元同次空間の天球モデル

および、

　　図形の処理の、一般性（射影不変性）、統一性、簡潔性（線形性）、
　　双対性、安定性、完全無誤差演算可能性

　など、従来処理では不可能な諸問題が、驚くべきことにほとんどこと
ごとく解決している。
　４次元同次図形処理は、理想的な処理特性を示す完全な処理とみなし
得るのである。

　ところで、３次元の問題をそれより１次元高い空間の処理とすること
により、既存空間に存在した難問題がことごとく解決された事実には、
図形処理の分野を超えた、本質的哲学原理が存在すると考えることはで
きないだろうか。
　このように考えるようになったそもそものきっかけは、ギリシャの哲
学者プラトンのイデア論の考えが同次処理の思想と共通するものがある
ように思えたからである。
　その場合、"この世"の問題を、４次元的に観る哲学原理とはどのよ
うなものであろうか。

　コロナ禍で家に閉じ籠もる時間が多くなったのを機会に、この問題と
真正面から向かい合うこととなった。
　知的思考の基本は"抽象の手続き"にあることは分かっていた。しか
しそれが数学とどのように結びつくのだろうか。
　この問題は個物の概念化による抽象の手続きの統一化と、その価値理
論を案出することにより解決できた。その最終結果は筆者の持っていた
期待ともほとんど完全に合致するものであった。
　**すなわち人の知的思考空間は数学における４次元同次空間、すなわち
４次元同次図形処理の空間そのもの**であることが分かったのである（図
p-3）。

図 p-3 の右側は、４次元知的思考空間の数学的構造を表している。ここに４次元知的思考空間は抽象概念や個物を価値ベクトルとして記述する３次元概念空間と、絶対的普遍概念を記述する４次元概念空間の和として表される。

　注目すべきは、図 p-3 において、４次元同次空間における**無限遠点**が、４次元知的思考空間における**絶対的普遍概念**に対応していることである。
　現代哲学が与える普遍概念を調べてみると、それは相対的普遍概念であって、絶対的普遍概念ではないのである。これはおかしいのではないか。
　人の認識は抽象概念を超えて、究極的な絶対的普遍概念を認識し、かつ利用しているのである。一例として幾何学における大きさのない“点”という概念は、紛れもない絶対的普遍概念である。しかし現代哲学はこの重要概念に対応できないのである。
　本書の数学的解析から、相対的普遍概念は３次元概念、絶対的普遍概念は４次元概念であることが分かる。

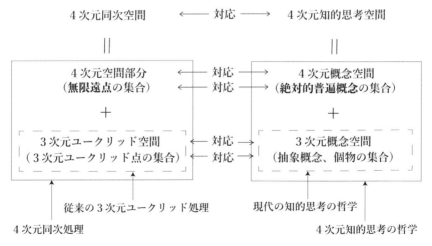

図 p-3　４次元化された、図形処理と知的思考の哲学の空間構造

　現代哲学は、図形処理で言えば、問題を多く持つ、従来の３次元ユークリッド図形処理に対応しているのである（図p-3）。

　ここに３次元的現代哲学の問題点と限界の存在は明らかであり、その４次元化は必須である。

　この４次元化は、筆者が図形処理において体験した、３次元ユークリッド処理に対する４次元同次処理の圧倒的優越性が、４次元知的思考の哲学においても同様に存在することを期待させるのである。

　さて本書は、まず哲学の基本的な問題である普遍論争、すなわち実在論か唯名論か、を取り上げ、歴史書の示す見解に対する筆者の素朴な疑問を提起することから始める。

　筆者は、この論争が生ずる原因は人の認識活動が３次元に限られるという誤った考えに基づいているからである、としている。筆者の論証によれば、人の認識活動は４次元に及ぶのであり、普遍概念の実在性を主張する実在論が正しいという筆者の考えを最初の段階で表明している。

　本書はパート１からパート５より成るが、パート１とパート２により、人の知的思考が４次元に及ぶことを哲学と数学により明らかにすることによって、提起された問題に対する筆者の考え方の論理を述べる。

　すなわち（以下、図p-4参照）、パート１は、問題提起を理解するために必要な哲学の基本事項、コンピュータの演算、および４次元同次空間を説明する。

　第５章は、３次元図形処理の持つ問題点が４次元同次処理によりいかに解決されたかを示し、図形処理を離れた一般の問題に対しても４次元哲学の可能性を期待し、本書の目指す方向としている。

　パート２では、本書の論ずる４次元知的思考の中核を成す抽象の手続きを論じている。

　すなわち第６章は、抽象の定義、人の認識活動、抽象と普遍、抽象における価値の発見と表現に関する理論を提起する。

　第７章では、新普遍概念の誘導と現代哲学の与える普遍概念との相違

問題提起

パート1
関連する哲学とコンピュータ処理と数学

・プラトンのイデア論
・普遍論争
・人による計算とコンピュータによる演算処理
・4次元同次空間
・4次元同次図形処理

パート2
知的思考の基本手続き —— 抽象

・抽象と抽象概念
・抽象の価値理論
・生成抽象概念の価値の決定
・普遍概念
・知的思考空間の数学的構造
・提起した問題に対する筆者の見解
・抽象概念の発見と総合
・芸術論試論

パート3
抽象の手続きと人の知的思考

・藤井聡太さんに見る4次元的知的思考
・4次元知的思考の意義
・現代の知的思考のあり方に対する疑問
・4次元知的思考の原理と方法論
・4次元知的思考における抽象概念の発見
・4次元知的思考における抽象概念の総合

パート4
抽象の手続きと人の世界観

・抽象の世界観
・具象の世界観
・世界観の概括
・世界観の考察
・抽象における捨象のもたらす問題
・イギリスの歴史が教えること
・柔軟な世界観

パート5
本書のまとめ

付録
3次元ユークリッド図形処理と4次元同次図形処理

・ユークリッド図形変換
・同次図形変換
・ユークリッド幾何的ニュートン・ラフソン法
・同次幾何的ニュートン・ラフソン法
・ニュートン・ラフソン法における両方式の比較

図 p-4　本書の構成

を論ずる。また、第8章では4次元知的思考空間の数学的構造を明らか
にするとともに、本書冒頭で提起した問題に対する筆者の見解を述べ
る。

　パート3では、抽象の手続きの適用としての人の知的思考問題につい
て4次元思考の意義、原理と方法、抽象概念の総合を論ずる。

　パート4では、抽象の手続きの、人の持つ世界観への影響について論
ずる。

　最後に、パート5では、本書において筆者が特に表現したいと思った
事柄を総合的にまとめる。

　本書は、哲学の基本的問題である人の知的思考に関し、4次元的に見
た数学的構造を明らかにしようと試みたものである。

■座標、次元、空間、世界
　まず初めに、本書を通じて頻繁に現れる基本的な用語について説明し
ておこう。
　空中に1本の針金があり、その上で蟻が動いていると想定してみよ
う。蟻が動ける範囲は針金上に限られる。針金の上に目盛り（これを
数学では座標という）が刻んであるとすれば、蟻の位置はこの目盛り x
という、一つの数値だけで表すことができる。この場合、蟻は1次元の
空間に存在する、または蟻の世界は1次元であるともいう。
　人は普通、地上を動き行動する。地上のどこかを基準点（座標の原
点）とし、そこからある方向に目盛り x が、その方向と直角に目盛り
y が碁盤の目のように刻まれているとすれば、人の存在する空間の位置
は、二つの数値、すなわち座標 (x, y) によって完全に記述することが
できる。この場合人の存在する空間、または世界は2次元であるとい
う。

人の場合、行動範囲は必ずしも地上に限定されるわけではなく、高さ方向に動ける自由度が存在するわけであるから、何らかの方法で行動範囲を拡張することができる。高層ビルにより、または地下鉄などにより人は高さの自由度を利用し行動範囲を拡張している。地上から垂直方向に高さの距離 z を導入すれば、活動する空間内の人の位置は (x, y, z) の三つの数値により完全に記述、表現可能である。すなわち人が動き回れる範囲は 3 次元の空間という世界である。座標 (x, y, z) により記述される空間は、数学的には 3 次元ユークリッド空間といわれる。

　以上のように、われわれが実感として認識できるのは 3 次元までの空間である。そして空間を構成する次元の要素とは幾何学的な距離である。

　ところで物理学の分野では、3 次元空間内で対象物が時間とともにその位置を変化する状況を問題とすることがある。この場合に対象物の空間における状態を記述するには、(x, y, z) に時間 t を加えた 4 次元の座標 $(t ; x, y, z)$ を扱うことになる。これを物理学的 4 次元ということがある。

　本書でいう 4 次元とは、3 次元ユークリッド座標 (x, y, z) にスケール（倍率）を加えた 4 次元である。これは射影的 4 次元といわれることがある。本書では同次 4 次元または 4 次元同次なる表現を使っている。

■数学上の表記法
　本書における数学上の基本的表記法は原則的には次の通りである。

- ユークリッド空間の点は、小文字の立体で p, v、同次空間の点は大文字の立体で P, V などと記す。
- 点の座標は丸括弧を用い、各要素をカンマで区切る。例えば、

$$p = (x, y, z), \qquad P = (w, X, Y, Z)$$

- ユークリッド空間のベクトルは、小文字の太字斜体で $\boldsymbol{p}, \boldsymbol{v}$、同次空

間のベクトルは大文字の太字斜体で $\boldsymbol{P}, \boldsymbol{V}$ などと記す。

▪ ベクトルは角括弧を用い、各要素をスペースで区切る。例えば、

$$\boldsymbol{p} = [x\ y\ z], \qquad \boldsymbol{P} = [w\ X\ Y\ Z]$$

のように記す。

序章　問題提起

本書を始めるにあたってまず、筆者が感じている哲学上の基本的な問題に対する素朴な疑問を述べたい。

0.1　普遍論争の歴史書見解に対する素朴な疑問

中世ヨーロッパにおいて、普遍論争と呼ばれる哲学的議論が行われた。これについては第2章において再度取り上げるが、ここではその要点を述べる。

人が存在する空間において、人が直接的に、具体的に接し得る対象がある。例えば、一人ひとりの人とか、または紙の上に描かれた個々の点などの、具体的対象である。このように人の感覚により、容易に認識できる対象を本書では"個物"と呼ぶことにする。個物の背後には、それらを表現する概念、すなわち人類とか、幾何学上の大きさのない"点"という"普遍概念"が知られている。

普遍論争では、人類とか幾何学上の"点"などの普遍概念が実在するものなのか（これを実在論〈実念論〉：realism という）、それとも単なる名目に過ぎないのか（これを唯名論：nominalism という）が議論された。

唯名論は、個物こそ実在であり、普遍概念は個物から抽き出された単なる名目に過ぎないとする考え方である。これに対し実在論は、**"思惟"**[脚注1]によって理解される普遍概念こそが真の実在であり、感覚で捉えられる個物は仮の姿であり、影のようなものとした。

[脚注1] 本書においては、思惟なる語に特別な意味を持たせているので、注意を喚起するため太字としてある。

ところで歴史書は、普遍論争の経緯と見解を次のように述べている。

　実在論は「物事を理解するために神を信ずる」という信仰の態度であり、神の実在がなによりも、先ず第一に信じられ、したがって神から発する普遍概念が実在とされた。すなわち、個物よりも抽象的な概念になればなるほど、実在性が強まると考えられたのである。これに対して唯名論は、「神を信ずるために、まず理解する」という理性の態度である。封建社会における実在論・唯名論の激しい論争は、まさに信仰と理性との争いでもあった。そして、時代とともに唯名論が優勢になったことは、理性的態度の伸長を示すものであり、それが近代科学や近代思想の誕生につながったのである。[[1] 217ページ]

として終わっている。

　この説明から筆者は、時代とともに理性的態度が伸長し唯名論が優勢となり、実在論が否定されるようになったとの暗示を感じる。

　確かに理性的な見方で考えると、従来の信仰的観点から発した実在論に疑問が出てくるのは十分に理解できるのであるが、普遍論争に対する見解がただそれだけで終わってしまうのでは、やはり疑問が残るのである。

　この問題をわれわれの感覚的思いと対照させて考えてみよう。

　人は、時にはモネやゴッホの絵を鑑賞して感動したいと思い、またはバッハやモーツァルトの美しい音楽に耳を傾け、心洗われる思いに浸りたいと思うこともあるだろう。

　そのモネやゴッホやバッハやモーツァルトなどの歴史上の多くの芸術家は、美という普遍概念の実在を確信しているから絵画の道に精進し、または作曲に打ち込むのだと考えられるのではないだろうか。

　または歴史上の多くの自然科学者は未知の自然界の真理という普遍概念の実在を信じて、全知を働かせてその追求のための研究に勤しんできたと考えられる。

　このような芸術の美とか自然界の真理などの普遍概念を単に名前だけのものに過ぎないとすること（唯名論）は、いささか不自然ではないだ

ろうか。

　さらに大きな疑問がある。

　幾何学は、そもそも大きさのない"点"や太さのない"直線"などという普遍概念を、意味のある実在の概念として前提し、構成されている！　そしてその幾何学を利用して工学も成り立ち、われわれは現実にその恩恵に浴し、例えば自動車などを日々利用しているのである‼

　唯名論者は、この事実をどのように考えるのだろうか。

　哲学者は、人を含めたこの世の真理を探究する知的営みを行うとされている。しかしその目的とする真理が、実在性のない空疎なものであるとしたら、哲学者が行っていることは自己矛盾していることになるのでは？

　以上のように筆者は、歴史書の見解に対し、直ちには、素直に納得はできないのである。

0.2　筆者の考え：4次元で考えれば疑問が解ける

　前節で述べた疑問に対する筆者の考え方は、後章で順を踏んで詳しく論じていくが、ここで端的に述べるとするならば、次のようになる。すなわち、人が認識活動を行う"この世"は単に3次元ではなく、後述するように、それを覆う4次元空間と考えるべきであるのに、唯名論は、3次元の"この世"にこだわっている考え方である。

　すなわち、人は3次元空間の個物を感覚で捉えるが、さらに**"思惟"**のもたらす認識能力によって、4次元に相当する空間に存在する普遍概念を捉え、認識活動を行っているのである。ここに普遍概念とは、"抽象概念"の抽象化が進展し、その極限としての概念である。

　後章において数学的な観点から、普遍概念が4次元空間に存在することを示す。

"この世"を真に理解するためには、4次元思考が必要となるのである。

　以上のような考え方は、以前筆者が工学分野において提唱した4次元

同次図形処理[2] の問題解決に存在する考え方を発展させ到達したものである。これは、図形処理以外の他の、一般のさまざまな問題にも通ずる哲学的原理の基盤になり得ると思うのである。

　一言で表現すれば「4次元で考えれば世界が分かる」ともいえよう。

◆参考文献

［1］吉岡力『詳解　世界史』旺文社、1988。

［2］Fujio Yamaguchi: *Computer-Aided Geometric Design—A Totally Four-Dimensional Approach—*, Springer-Verlag, 2002.

パート1　関連する哲学とコンピュータ処理と数学

　序章で与えた問題提起を考えるためには、基本的な哲学と、コンピュータによる演算の基本的事項および4次元同次空間の数学的性質を知る必要がある。

　そこで第1、2章で関連する哲学を、第3章でコンピュータによる演算の基本的事項と数学の準備的事項を、そして第4章において4次元同次空間を説明する。

第1章　プラトンのイデア論

　普遍論争的議論の起源としては、紀元前5～紀元前4世紀のプラトンのイデア論が考えられる。

　プラトン（B.C.427–B.C.347）は、古代ギリシャの哲学者である。

　彼は、アテナイ最後の王コドロスの血を引く貴族の息子として、アテナイに生まれた。若い頃は国家、公共に携わる政治家を志していたが、民主派政権の惨状を目の当たりにして、現実政治との関わりを避け、ソクラテスの門人として、哲学と対話術を学んだ。

　ソクラテス死後の30代からは、対話篇を執筆しつつ、哲学の追求と政治との統合を模索していくようになる。この頃すでに、哲学者による国家統治構想（哲人王思想）や、その同志獲得・養成の構想（後のアカデメイアの学園）が温められていた。

　実際、B.C.387年プラトンは、アテナイ郊外に学園アカデメイアを設立した。アリストテレスは17歳のときにアカデメイアに入門し、そこで20年間学生として、その後は教師として在籍した。

　プラトンの哲学は、人の感覚を超えた真の実在としての概念である

"イデア"を中心として展開される（イデア論）。

　プラトンの思想は西洋哲学の源流となった。哲学者ホワイトヘッドは「西洋哲学の歴史とはプラトンへの膨大な注釈である」という趣旨のことを述べている。

1.1　プラトン哲学のイデア論

　プラトンのイデア論は、彼の著書『国家』第7巻において、「洞窟の比喩」として語られている。以下にそれを紹介しよう。ただし、筆者の判断で、読みやすくするための言い換えをした部分もある。

　（図1-1に示すように、）地下深い暗闇の洞窟監獄にあって、囚人たち（ab）は手足も首も縛りつけられている。囚人たちにとって見えるものは、奥底の壁（cd）だけである。洞窟のはるか上方に火（i）が燃えていて、その光が彼らの後ろ上方から照らしている。囚人たちの上方、火との間に、ひとつの道（ef）がついていて、その道に沿って低い壁のようなもの（gh）がしつらえてあるとしよう。それはちょうど、人形遣いの前に衝立が置かれてあって、その上から操り人形を出して見せるのと同じような具合になっている。その壁に沿ってあらゆる種類の道具だとか、石や木や、その他いろいろ

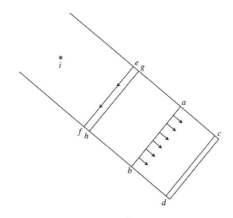

図1-1　洞窟の比喩

の材料で作った人およびそのほかの動物の像などが壁の上に差し上げられ、人々がそれらを運んで行くものと想像して欲しい。運んで行く人々のなかには、当然、声を出す者もいるし、黙っている者もいる。

　拘束された状態に置かれた囚人たちは、自分たちの正面にある洞窟の一部（cd）に火の光で投影される影のほかには、別のものは何も見たことはないのである。

　もし彼らがお互いどうし話し合うことができるとしたら、彼らの口にする事物の名前は、まさに自分たちの目の前を通りすぎて行く影そのものであると信じているはずである。

　また、この監獄において、音もまた彼らの正面から反響して聞えてくるとしたら、どうだろうか。彼らの後ろを通りすぎて行く人々の中の誰かが声を出すたびに、彼ら囚人たちは、その声を出しているものは、目の前を通りすぎて行く影そのものだと思うだろう。

　このように囚人たちは、あらゆる面において、ただそのさまざまなものの影だけを、真実のものと認めることだろう。

　ところで仮に彼らの一人が、加えられていた拘束をすべて解かれ、立ち上がって首を後ろにめぐらすようにと促され、歩いて火の光のほうを仰ぎ見るようにと強制されるとしよう。

　これまで彼は影だけを見ていたわけであるから、そういったことをするのは、彼にとっては苦痛ではなかろうか。その実物を見ようとしても、目がくらんでよく見定めることができないかもしれない。

　そのとき、ある人が彼に向かって、「お前がこれまで見ていたものは、愚にもつかぬものだったのだ。しかし今は、お前は以前よりも実物に近づいて、もっと実存性のあるものへ向かっているのだから、前よりも正しく、ものを見ているのだよ」と説明したとし、通りすぎて行く事物のひとつひとつを彼に指し示して、それが何であるかをたずね、むりやりにでも答えさせるとしたらどうだろう。彼は困惑して、これまでに見ていたもの（すなわち影）のほうが、い

ま指し示されているものよりも真実性があると答えるだろう。

　また、もし直接火の光そのものを見つめるように強制されたとしたら、彼は目が痛くなり、向き返って、自分がよく見ることのできるもののほうへと逃げようとするのではないか。そして、やっぱりこちらのもののほうが、いま指し示されている事物よりも、実際に明確なのだと答えるのではなかろうか。

　そこで、もし誰かが彼をその地下の洞窟から、急な坂道を力ずくで引っ張って行って、洞窟の外の太陽の光の中へと引き出すまで彼を放さないとしたら、彼は苦しがって、引っ張って行かれるのを嫌がるだろう。そして太陽の光のもとまでやってくると、目はギラギラとした輝きでいっぱいになって、いまや真実であると語られるものを何ひとつとして見ることができないのではなかろうか。

　思うに、洞窟の外の上方の世界の事物を見ようとするならば、慣れというものがどうしても必要となろう。

　外界で最初に影を見れば、いちばん楽に見えるだろうし、つぎには水に映る人その他の映像を見て、その後、その実物を直接見るようにすると彼にはより楽だろう。そしてその後で、天空のうちにあるものや、天空そのものへと目を移すことになるが、これにはまず、夜に星や月の光を見るほうが、昼間太陽とその光を見るよりも楽だろう。

　そのようにしていって、最後に、太陽を見ることができるようになるだろう。水その他に映った映像ではなく、太陽それ自体を、それ自身の場所において直接しかと見てとって、それがいかなるものであるかを観察できるようになるだろう。

　こんどは、太陽について次のように推論するようになるだろう。

　この太陽こそは、四季と年々の移り行きをもたらすもの、目に見える世界におけるいっさいを管轄するものであり、また自分たちが地下で見ていたすべてのものに対しても、ある仕方でその原因となっているものなのだ、と。

　そこで彼は振り返って考えてみる。最初の洞窟住いのこと、そこ

で知恵として通用していた事柄のこと、その当時の囚人仲間のことなどを思い出してみるにつけても、身の上に起こったこの変化を自分のために幸せであったと考え、地下の囚人たちをあわれむようになるだろう。

　地下にいた当時、彼らはお互いの間で、いろいろと名誉だとか賞讃だとかを与え合っていたものだった。例えば、つぎつぎと通りすぎて行く影を最も鋭く観察し、そのなかのどれがいつもは先に行き、どれが後に来て、どれとどれが同時に進行するのが常であるかをできるだけ多く記憶し、それにもとづいて、これからやって来ようとするものを推測する能力を最も多く持っているような者には、特別の栄誉が与えられることになっていた。しかし、いまや解放された彼は、そういった栄誉を欲しがったり、彼ら囚人たちのあいだで名誉を得て権勢の地位にある者たちを羨んだりすることはないだろう。むしろ彼は、囚人たちの思わくへ逆戻りして彼らのような生き方をするくらいなら、「地上に生きて貧しい奴隷となって奉公すること」でも、あるいは他のどんな目にあうことでも、そのほうがはるかに望ましいと思うのではないだろうか。

　もし彼が地下洞窟に再び行って、前にいた同じところに座を占めることになったとしたら、どうだろう。太陽のもとから急にやって来て、最初のうちは彼の目は真っ暗だろう。

　まだ目が暗闇に慣れずよく見えない間に、そこに拘束されたままの囚人たちを相手にして、壁面を動くいろいろの影の判別を争わなければならなくなったとしたら、彼は失笑を買うようなことになるかもしれない。人々は彼について、「あの男は上へ登って行ったために、目をすっかりダメにして帰ってきた」のだと言い、「上へ登って行くなどということは、試みるだけの値打ちさえもない」と言うかもしれない。囚人を解放して上のほうへ連れて行こうと企てる者があるとしたら、彼らは何とかして手のうちに捕えて殺してしまおうとするかもしれない。

さて、これまで話して来た比喩を次のように解釈してもらいたい。

　つまり、われわれの視覚を通して現れる世界というのは、囚人の洞窟の監獄に比すべきものであり、その住いのなかにある火の光は、太陽の機能に比すべきものであるとみなせるのである。そして、上へ登って行って上方の事物を見るということは、〈思惟によって知られる世界〉へ上昇していくことであると考えて欲しいのだ。[[1] 94-101 ページ]

　このプラトンの思想は、われわれの眼前の世界は仮象であって、その背後に（真の）実在の世界があることを教えてくれる。この世界はさまざまなイデアと呼ばれる真実在によって満たされている。これをイデアの世界と呼ぶ。

　一つの例を挙げてみる。紙上に正方形を描いてみよう。数学で定義されるように、線の太さはなく、等しい長さをもち、かつ四つの直角をなすように描こうとしても厳密に正確にはできるものではない。ここにおいて数学で定義される正方形という普遍概念がイデアである。これは実際には描けないが、**思惟**によってその存在を理解することができる。数学者は、**思惟**された正方形すなわちイデアを前提として論を進めるのである。しかしそれを実際には人は見ることはできないのである。プラトンは、紙上に描かれた正方形は、真の実在の正方形（イデア）が投影された影のようなものとみなすのである。

　正方形の例が示すように、イデアとはさまざまな普遍概念、美、勇気、健康、徳、……というように一般化することができる。

1.2　谷崎潤一郎のイデア論解釈

　谷崎潤一郎という著名な小説家は、プラトン哲学に異常なほどの興味を示していたことが知られている。

　彼が31歳の時に発表した『神童』という小説がある。主人公春之助には、谷崎自身を投影した部分があるという。この小説のある一部分を

次に示す。

　　春之助が十三になつた正月のことである。神田の小川町邊を散歩
して居ると、とある古本屋の店先に英譯のプラトオ全集六巻が並べ
てあるのを見付け出した。Bohn's Classical Library と記した背中の
金字が散々に手擦れて垢だらけになつて居た。……プラトオの名前
ばかり聞いて居て其の文章に接したことのなかつた春之助は、憧れ
て居た戀人に出會つたやうな心地がして我知らず胸の躍るのを覺え
た。書棚の前にそんだまま彼は偶然自分の眼の前に開けたペヱヂの
一節を讀み下した。……恰も彼の眼に入つたのは、THE TIMAEUS
の中の、ソクラテスが「時間」と「永遠」とを論じて居る此の五、
六行の文字であつた。彼は平生朧ろげながら自分の心で考へて居た
ことが、立派に其處に云ひ表はされて居る嬉しさと驚きとに打れ
た。喜びのあまり昂奮して、手足がぶるぶると顫へるくらゐであつ
た。「此れだ、此の本だ。自分が不斷から憧れて居たのは此の本の
思想だ。讀みたいと思つて居たのは此の本の事だ。此の哲人の言葉
を知らなければ、己は到底えらい人にはなれない」春之助は腹の中
で獨語した。彼はもう其の本を自分の手から放すことが出来なかつ
た。

　　　　　　…………

　　さうして月の廿日頃には、望み通り既に其の書の三分の二を讀過
して、高遠な哲理の大體を會得することが出来たやうに思つた。眼
に見ゆる現象の世界が一場の夢幻に過ぎないことや、ただ觀念のみ
が永遠の真の實在であることや、嘗て春之助が佛教の經論を徹して
教へられた幽玄な思想が、此の希臘（ギリシャ）の哲人に依つて更に強く更に明
らかに説かれて居るのを知つた。[2] 59-61ページ

この文章の春之助のように、谷崎はプラトン哲学に傾倒していったの
ではないか。
　そして谷崎が33歳の時発表した『金と銀』において、見事にイデア

の世界を描いてみせたのである。

　これは才能に対する嫉妬に血迷った友人の画家に殺され損ね、廃人となった天才的画家の話である。頭蓋骨に損傷を受けたこの画家は、外から見ればまったく白痴同様である。しかしこの痴人になった天才画家の青野の頭の中は次のようになっていたのである。

　　さうして、異様に落ち窪んだ、暗い、陰鬱な、仕掛けの壊れた機械のやうに眼窩の奥に嵌まつて居る癡人の瞳には、次のやうな謎が意味深く光つて居た。──
　「……さうです。私は天才です。私の魂は今でも立派に藝術の國土に遊んで居ます。私の魂は未だに活溌に働いて居ます。私はた゛、内部の魂を外部の肉體へ傳達する神經を絶たれた゛けなんです。肉体と霊魂との聯絡を切られた゛けなんです。それを此の世の人たちは白癡(はくち)と名づけて居るのです。……」
　　實際、青野の腦髓は決して死んでは居なかつた。彼の魂はこの世との関係を失つてから、初めて彼が憧れて居た藝術の世界へ高く舞ひ上つて、其處に永遠の美の姿を見た。彼の瞳は、人の世の色彩が映らない代りに、その色彩の源泉となる真實の光明に射られた。嘗て此の世に生活して居た時分に、折り折り彼の頭の中を掠めて過ぎたさまざまの幻は、今こそ美の國土に住んで居るほんとうの實在であつた。「己の魂がまだ肉体に結び着いて居た頃は、己は屢々此れ等の實在を空想したり夢みたりした。」── 彼はさう云う風に思つた。彼はたしかに自分の故郷へ歸つたのに違ひなかつた。[[2] 62-63ページ]

◆ 参考文献
［１］プラトン（藤沢令夫訳）『国家（下）』岩波文庫、1996。
［２］渡部昇一『発想法』講談社現代新書、1981。
［３］藤沢令夫『プラトンの哲学』岩波新書、1998。

第2章　普遍論争

　中世ヨーロッパにおいては、すべての学問は、カトリック教会および
その修道院に付属する「学校」（スコラ[脚注1]）で研究され、教えられて
いた。そこで研究された学問、すなわちスコラ学は、主としてキリスト
教の教義を学ぶ神学を、ギリシャ哲学（特にアリストテレス哲学）に
よって理論化、体系化することであり、その中心的テーマが普遍論争と
呼ばれる議論であった。これと内容的に同じ議論が、古代から続いてお
り、近代や現代の哲学でも形を変えて問題となっているが、中世の論争
を特にこの名で呼ぶ。

　これは序章で述べたように普遍概念と呼ばれる概念、例えば人類など
という概念、をめぐる論争である。ここに実在論は、**"思惟"**によって
理解する普遍概念こそが実在であり、感覚でとらえられる個物（例えば
個々の人）は仮の姿で、影に過ぎないとした。これに対し唯名論は、個
物こそが実在であり、普遍概念は個物から抽き出された単なる名目に過
ぎないと考えたのである。

　中世の実在論は実は、「物事を理解するために神を信ずる」という信
仰の態度から発したものであった。神の実在をなによりも第一に信じ、
創造主である神が発する普遍概念を実在としたのである。

　旧約聖書創世記によれば、まず神による万有の創造が説かれ、神の像
として創られた人が他のすべての被造物の上におかれた。しかし、人の
始祖アダム[脚注2]は与えられた自由意志を濫用して罪を犯したので、楽
園を追われ、生死の苦しみが避けられぬものとなった。アダムの子カイ
ンは最初の殺人を犯し、その後の人も悪を重ねる。それにもかかわらず
神は人を救おうとし、義人ノアと一族は洪水による滅亡を免れることが
できた。そしてノアの3人の子セム、ハム、ヤペテから人が各地に発展
するありさまが創世記に記述されている[1]。

　聖書においては、アダムによって人の堕落と罪業と苦しみが描かれ、
キリストが人の救い主として現れ、自らは受難に遭うなどの事柄が書か

れている。

　アダムの原罪も、その後の罪業も、苦しみも、個々の事実に過ぎないのであるが、それらを人の本質と前提することにより、キリストによる救済は人全体の救済という普遍的な意味を持つことになる。

　実在論論者は、神学を構成するための重要要素として、"人類"という語に絶対的な意味での普遍性を持たせたかったのである。

　実在論は、キリスト教の理論化、体系化にはまことに好都合であった。

　実在論主張の代表者は、シチリア王国出身の聖トーマス・アクィナス（St. Thomas Aquinas, 1225頃 –1274.3.7）で、神を普遍的な存在として実存するという彼の説が、中世カトリック教会の正統的見解であった。

　ところで0.1節において述べたように歴史書の論ずるところによれば、歴史が中世から理性の時代に移行すると、実在論が宗教的な立場から主張されたがため、批判を受けるようになり、逆に唯名論が正しいという見解が支配的になった、とある。

　歴史書は断定してはいないが、実在論に対する批判的見解を暗示しているようにも思えてしまう。

　ここにおいて筆者が思うことは、<u>宗教とは離れて、真の意味で理性的に実在論と唯名論を考察したい</u>のである。筆者は第8章において、数学と哲学に基づき実在論を検討し、その真実性を論証する。

［脚注1］英語のschoolは、ラテン語のスコラから生まれたが、もともとは、ギリシャ語のスコラであった。それは、暇を意味し、働かない、ひまな人が集まるところがスコラだった。

［脚注2］アダムはヘブライ語で「人」を意味し、それは通常、普通名詞として「人間」または「人類」を意味する。

◆ 参考文献

［1］ブリタニカ国際大百科事典「聖書」第11巻、1973。

第3章　人による計算とコンピュータによる演算処理

3.1　人主体による計算

　簡単な数計算を行う場合、われわれは以前、卓上計算器を利用していた。

　紙の上に計算過程の式を書いておき、それを見ながら計算を繰り返す。計算は足し算、引き算、掛け算、割り算の四則演算の繰り返しである。

　人が操作を行うのであるから、数値の計算器への入力操作ミスが発生することは当然あり得る。したがって、計算の個々の段階において一つ一つの計算結果が妥当な数値であることを確認し、その結果の数値を次の計算のための入力データとするという操作を繰り返す。

　計算そのものは、計算器が行い間違うことはなく正確であるから、入力操作ミスをなくし、計算の過程の制御を間違いなく行うように計算器操作を慎重に行わねばならない（図3-1）。

　多量の計算を行うことは、数値の入力、計算結果のチェックおよび計算過程の制御に神経を使わなければならず、人にとっては大きな負担であった。

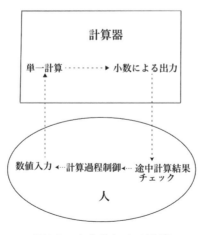

図3-1　人主体による計算

3.2 コンピュータ主体による演算

コンピュータの登場により、複雑で、多量な演算をコンピュータに任せることができるようになった。

演算過程をコンピュータにプログラムしておけば、人はいちいち数値を入力する必要がなく、また演算手続きの制御に気を遣うこともなく、すべてをコンピュータに任せることができるようになった。すなわち最初に人が基本となるデータを与えれば、あとはコンピュータが自動的に正しい結果を出力してくれる。これは大変に大きな革新である。

人主体の計算の場合には、扱う数を絶えず人が理解していなければならないから、数は通常、小数で扱うことが多い。ところがコンピュータを用いる場合には、演算はコンピュータに任せるのであるから、扱う数は小数表現にこだわる必要はなくなる。

3.3 数表現の一般化

コンピュータのアプリケーションによっては、演算誤差を極度に抑えなければならない分野がある。

普通、数は小数に表現して扱う。しかし小数表現のために割り算が必要となり、ここに打ち切り誤差が生ずる。これを繰り返せば、演算の結果には打ち切り誤差が累積する。

一方、数表現として小数表現の代わりに二つの整数による分数表現、すなわち数を二つの整数の比により表す方式がある。これは割り切れない数の表現も可能とする、より一般的な表現形式である。もし演算のすべてを分数方式で徹底させれば、演算の途中で行われる割り算を回避でき、扱う数を有理数に限定するという前提のもとに、完全無誤差演算を実現することも可能である。

ここで分数表現 b/a $(a \neq 0)$ の形式で表現される割り算についてその意味を考えてみよう。

便宜上、分数 b/a を、座標の形式で (a, b) のように記すとする。

分数の意味から、座標表現中の a とは、b を表現する倍率（スケール）とみなすことができる。すなわち b とは、表現する数に対し a 倍

されている数であることを表す。

　ところで、例えば二つの分数56/163、37/97の大小関係を問われたとしよう。

　これらを座標の形式で表してみると、それぞれ（163, 56）、（97, 37）となり、最初の数値がそれぞれのスケールである。この場合の数値の大小関係は、すぐには答えられない。なぜなら二つの数を表現するスケールが異なるからである。したがって大小関係を判定するには、両者のスケールを同じにして比較する必要がある。

　そこで両者の数をそれぞれのスケール163と97で割り算して、スケールを1に統一してみると、

$$56/163 は（1, 0.343）、37/97 は（1, 0.381）$$

となり直ちに、37/97のほうが56/163より大きいと判断できる。

　すなわち両者のスケールを"1"に統一し、小数化することによって人が認識し、判断できるようになる。つまりスケールを"1"にして表現すると、人には分かり易いのである。

　ところで上の文章において、分数b/aを便宜上2次元座標（a, b）として表記した。

　1次元表現である分数には、分母aを0とすることはできないという制約があるのに対し、この2次元座標表現は、$a = 0$を可能とし、a, bに対する整数の制約も存在しない、より一般的な表現である。

　実はこの考え方が、後述する（4次元）同次座標に通ずるのである。

3.4　割り算の役割

　ところで一連の演算の過程における割り算について考えてみたい。"人主体による計算"では、途中の個々の計算結果の妥当性を確認するために、割り算に出会ったら、そこで割り算を実行して計算結果が期待された値となっているかを確かめる必要があった。ところがコンピュータを使う環境においては、個々の演算は正しい結果を与えるのであるか

ら、必ずしも割り算をその場その場で実行する必要はない。そのまま分数形式で保持して演算を進めてもよい。その場合、以下の例が示すように演算の最終結果は、分数すなわち比の形式で表現される。

$$2 + \cfrac{1 - \cfrac{2}{3}}{2 \times \cfrac{3}{4} + \cfrac{4}{\cfrac{3}{5}}} = 2 + \cfrac{1 - \cfrac{2}{3}}{\cfrac{3}{2} + \cfrac{20}{3}} = 2 + \cfrac{\cfrac{1}{3}}{\cfrac{49}{6}} = \cfrac{100}{49}$$

　以上から分かるように、コンピュータを使う環境における数の演算は、本質的には足し算、引き算、掛け算の３種類であって、割り算を用いることなく演算を行うことも可能である。
　人にとって分数形式で表現された数は、一般に直ちには理解しにくい。人が理解容易なスケール"１"ではないからである。したがって、以前に述べた"人主体による計算"の場合は、割り算が現れるたびに、人が理解できるように割り算を実行して計算の妥当性をチェックしたのである。
　しかしながらコンピュータを使う環境では、演算過程はすべてコン

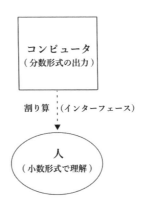

人の理解を容易にするために、
割り算によりスケール"1"である小数形式に変換

図3-2　コンピュータ主体による演算

ピュータに任せ、人の介入する余地はないのであるから、最後に 1 回だけ割り算を行って人に与えればよいのである。

この 1 回の割り算とは演算の最終結果を人が容易に理解できるようにスケール "1" に変換するためのものである（図3-2）。

第4章　4 次元同次空間

4.1　座標表現の一般化

3.3節において、分数表現の意味について考察した。すなわち、数の表示の仕方としての小数表現は、小数点以下長く続く数の場合に途中で打ち切らざるを得なく、誤差の問題を生ずる。一方、一つの数の表現を、二つの整数の比として表現する分数表現 b/a は、この問題を解決する。さらにその一般化である 2 次元座標表現 (a, b) は、$a = 0$ も可能であり、また a, b ともに整数の制約もなく、より強力な表現能力を期待させる。

ところで図形処理の分野においては、3 次元ユークリッド座標 (x, y, z) を扱う。

そこで、数の場合の 2 次元座標表現 (a, b) の考え方を 3 次元ユークリッド座標に適用してみよう。それは次のようになる。

スケールを w とするとき、X, Y, Z は、本来の 3 次元ユークリッド座標 x, y, z を、それぞれ w 倍したものであるとする。

すなわち、3 次元ユークリッド座標 (x, y, z) の代わりに、四つのデータにより (w, X, Y, Z) として表すのである。これが 4 次元同次座標（homogeneous coordinate）である。本書では 4 次元同次座標 (w, X, Y, Z) により表される空間を 4 次元同次空間と呼ぶ。

3.4節で述べたように、数の演算では、割り算を実行せずにそのまま分数形式で保持して演算することが可能である。これと同様に 4 次元同次座標を用いれば処理の途中で割り算を実行する必要がない。従って 4 次元同次座標の場合には、スケール $w = 0$ も許されるのである。

すなわち4次元同次座標の定義は、

$$(w, X, Y, Z) \equiv (w, wx, wy, wz)、(w \neq 0) \tag{1}$$

および、

$$(0, X, Y, Z)、(X = Y = Z = 0 は除く) \tag{2}$$

となる。

4次元同次空間 (w, X, Y, Z) についてさらに調べてみよう。

4次元同次空間 (w, X, Y, Z) は、式（1）で示される $w \neq 0$ である部分と、式（2）で示される $w = 0$ の部分より成り立つ。

まず $w \neq 0$ の部分の場合、式（1）の両辺を w で割り算してみると、

$$(1, X/w, Y/w, Z/w) \equiv (1, x, y, z) \tag{3}$$

となり、式（1）は、3次元ユークリッド空間を表していることが知れる。すなわち、式（1）は、$w = w$ 超平面上の3次元ユークリッド空間を表す。

次に式（2）で表現される部分を考える。0の代わりに、極めて微小な数 ε に置き換えてみると、

$$x = X/\varepsilon, \qquad y = Y/\varepsilon, \qquad z = Z/\varepsilon$$

となり、ベクトル $[X\,Y\,Z]$ 方向の極めて大きな座標値を表す点であることが理解できる。数学上、極限として4次元座標 $(0, X, Y, Z)$ は、ベクトル $[X\,Y\,Z]$ 方向の無限遠点を表すことが知られている。この空間 $(0, X, Y, Z)$ を本書では、4次元空間部分と呼ぶ。

空間 $(0, X, Y, Z)$ は、あらゆる方向 $[X\,Y\,Z]$ の無限遠点の集合を表している。無限遠点は三つの数字によるユークリッド座標 (x, y, z) では表現し得ず、四つの数字の組により表現される4次元の点である。

以上の関係を、あらためて以下にまとめると、

4次元同次空間は、3次元ユークリッド空間：

$$(w, X, Y, Z) \equiv (w, wx, wy, wz) \quad (w \neq 0) \tag{4}$$

および、4次元空間部分：

$$(0, X, Y, Z) \quad (X = Y = Z = 0 は除く) \tag{5}$$

の和として表される。

また、

$$x = X/w, \qquad y = Y/w, \qquad z = Z/w \tag{6}$$

同次座標による処理においては基本的に割り算を伴わないので、4次元空間部分 $(0, X, Y, Z)$ として、スケール0が認められることに特色があり、これが大きな利点となる。この4次元空間部分 $(0, X, Y, Z)$ の存在が、本書における4次元同次空間の哲学的議論においても大きな役割を果たすのである。

同次座標のスケール w が存在するメリットとして、扱えるユークリッド空間の範囲を拡大したり縮小したりできる機能が得られる。すなわち、コンピュータが表現できる数の大きさは、コンピュータ記憶のデータ長により制限を受ける。しかしユークリッド座標 (x, y, z) の場合に比べ、同次座標 $(w, X, Y, Z) \equiv (w, wx, wy, wz)$ 表現はスケール w を持つので、w の値を制御することにより、表現し得るユークリッド座標の値の大きさを拡大したり縮小したりできるのである。例えば $0 < w < 1$ の範囲で w の値を変化させれば、広角で視野広く望遠鏡で望み見る効果を、また $w > 1$ として w の値を大きくすれば、表現される数の範囲は縮小され、顕微鏡で微細な世界を観察する効果も作り出せる。

以上をまとめて表現すると次のようになる。すなわち、4次元同次空間 (w, X, Y, Z) は、さまざまな w の値、すなわちスケール値を持つ超平面の集合であって、$w \neq 0$ の超平面は3次元ユークリッド空間を、また $w = 0$ の超平面は、ベクトル $[X\,Y\,Z]$ 方向の無限遠点により構成される空間を表す。

4.2　３次元同次空間

　4次元同次空間を直感的に理解するためには、より簡単な３次元同次空間の場合を理解し、それをもとに類推するのがよいであろう。

　３次元同次空間 (w, X, Y) とは、

$$(w, X, Y) \equiv (w, wx, wy)\ (w \neq 0)\ （ 2 次元ユークリッド空間）\qquad (4')$$
および、
$$(0, X, Y)\ (X = Y = 0 は除く)\ （ 3 次元空間部分）\qquad (5')$$

である。

　また、式（6）に対応して、

$$x = X/w, \qquad y = Y/w \qquad\qquad (6')$$

が成立する。

　３次元同次空間 (w, X, Y) は、さまざまな w の値を持つ平面の集合であって、$w \neq 0$ の平面は２次元ユークリッド平面を表し、$w = 0$ の平面は特別で、ベクトル $[X\,Y]$ 方向の無限遠点により構成される（図4-1）。

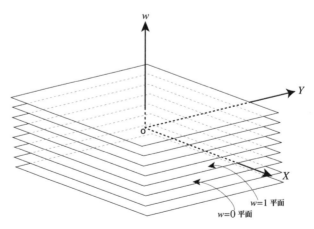

図4-1　３次元同次空間における平面群

　3次元同次空間における式（6'）の関係から分かるように、その座標成分にある数を乗じても、表現する座標 (x, y) は影響を受けない。例えば、5倍してみると、

$$x^* = X^*/w^* = 5X/5w = X/w = x,$$
$$y^* = Y^*/w^* = 5Y/5w = Y/w = y.$$

　上の関係を考えるために、3次元同次空間 wXY における $w = 1$ 平面を xy ユークリッド平面であるとみなしてみよう（図4-2）。

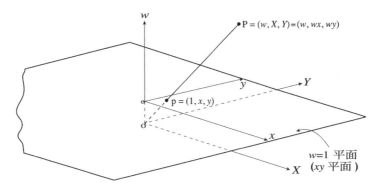

図4-2　3次元同次空間における2次元ユークリッド平面

　座標 $(1, x, y)$ に対し、任意の数 w（$\neq 0$）を乗じて得られる同次座標 $(w, wx, wy) \equiv (w, X, Y)$ は、点 $(1, x, y)$ と原点 $(0, 0, 0)$ を通る直線上の点を表している。すなわちユークリッド平面の点は、3次元同次空間においては、原点を通る直線により表される。同様に、ユークリッド平面における直線は、3次元同次空間においては原点を通る平面により表される。要するに<u>同次空間において図形を表すと、ユークリッド空間の場合より1次元高次の、原点を通過する図形になる</u>。逆に言えば2次元図形とは3次元同次図形の切断（断面）図形とも解釈できる。
　さらに2次元ユークリッド平面そのものは、3次元同次空間の切断（断面）とも理解できるのである。

前頁に示したような、2次元の点を、原点を通過する3次元直線の切断とする見方において、その直線を原点に中心投射する光線とみなすことも可能である。この見方によれば、3次元直線上に存在する"実体"としての点が、原点に対する中心投影により、$w = 1$平面上に"影"としての点を生ずることになる。従って2次元ユークリッド平面そのものは、3次元同次空間を"実体"とみなし、原点に中心投影した場合の"影"であるともみなせよう。

　ここで注目しておくべきは、"影"を求めるためには割り算が必要になることである。

　なお、式（6）、（6′）を、同次化の関係式という[脚注1]。

[脚注1]　例えば、直線の式$ax + by + c = 0$、円の式$x^2 + y^2 = r^2$などに、式（6′）の関係を代入して同次座標による表現式を求めると、それぞれ$aX + bY + cw = 0$、$X^2 + Y^2 = r^2 w^2$となり、式の各項の変数に関する次数が同じとなる。これが同次座標、同次化における"同次"の意味である。同次化により定数項が消失し、同次図形は原点を通る。線分、三角形などの特定図形の同次図形は一般に、同次空間の原点を頂点とする楔形形状となる（図5-3参照）。

　具体的な図形として、例えば3次元同次空間(w, X, Y)において、座標原点を頂点とする円錐について考えてみよう（図4-3参照）。この場合、

　　⒜　一般に、$w = 1$平面による切り口は楕円となるが、

　　⒝　円錐が、$w = 0$平面に接すれば、"切り口（断面）"は放物線に、また、

　　⒞　円錐が、$w = 0$平面と交差すれば、"切り口（断面）"は双曲線になる。

　ところで3次元同次空間に関しての上述の説明だけでは、直感性に欠けるという問題点がある。これを補うために、3次元同次空間の円盤モデルも示しておこう。

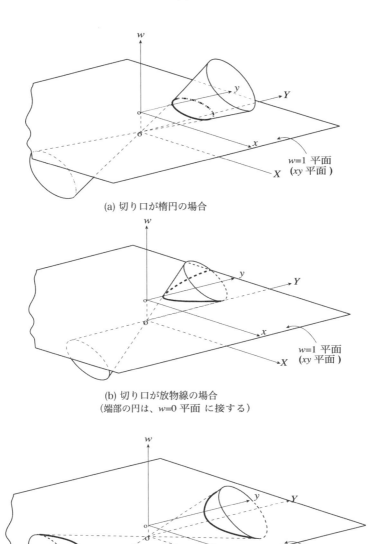

(a) 切り口が楕円の場合

(b) 切り口が放物線の場合
（端部の円は、w=0 平面 に接する）

(c) 切り口が双曲線の場合
（端部の円は、w=0 平面 と交差する）

図4-3　楕円、放物線、双曲線は円錐の切り口の図形である

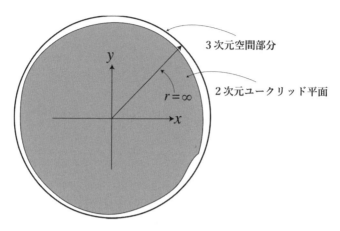

図4-4　3次元同次空間の円盤モデル

　原点を中心として半径 r なる円盤を設定し、r の値を増大し、$r = \infty$ なる仮想的な無限大円盤を考える（図4-4）。

　3次元空間部分 $(0, X, Y)$ とは、ベクトル $[X\ Y]$ 方向の無限遠点の集合である。原点における方向 $[X\ Y]$ の延長は、無限大円盤の外周の点と1対1に対応する。すなわち3次元空間部分とは無限大円盤の外周そのものである。

　無限大円盤の内部は2次元ユークリッド平面 xy を構成するので、外周を含めた無限大円盤は3次元同次空間を表していることになる。すなわち、外周も含めた無限大円盤が、3次元同次空間の簡易円盤モデルである[脚注2]。

[脚注2] 本書においては余計な煩雑化を避けるため、位相関係には触れず空間の
　　　　点集合にのみ注目し、簡易的なモデル化を行っている。

4.3　4次元同次空間

　ここで以上の3次元同次空間の議論を、4次元同次空間と3次元ユークリッド空間との関係に移し替えてみると、われわれの存在する3次元ユークリッド空間とは、4次元同次空間を"実体"とみなし、原点に中

心投影した場合の、超平面 $w = 1$ 上の "影" であるとも、またはその超平面により切り取られた "切り口（断面）" であるともみなすことができる[脚注3]。

[脚注3] 1.1節で紹介したように、紀元前5〜紀元前4世紀の哲学者プラトンは、この世（数学的には3次元ユークリッド空間）は "影" のような仮象の空間であるとみなしていたのである。

　3次元ユークリッド空間とは、4次元同次空間の一断面であるということを示すために、この関係を模式図化しておこう（図4-5参照）。

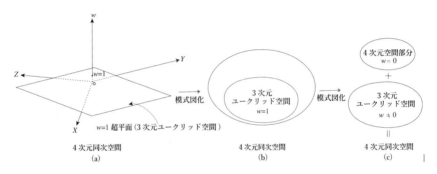

図4-5　4次元同次空間と3次元ユークリッド空間の関係

　図4-5(b)は、4次元同次空間は3次元ユークリッド空間（$w \neq 0$）を含むが、そのうちの特に $w = 1$ であるユークリッド空間を表示し、また同(c)は式 (4)、(5) に従い、あらゆる方向 $[X \ Y \ Z]$ の無限遠点の集合である4次元空間部分（$w = 0$）を、3次元ユークリッド空間と分離し表示している。図(c)は、後章においてしばしば用いる。

　ここで4次元同次空間の天球モデルを示そう。
　原点を中心として半径 r なる球を設定し、r の値を増大し $r = \infty$ なる仮想的球を天球と名付ける（図4-6）。

　4次元空間部分とは、ベクトル $[X \ Y \ Z]$ 方向の無限遠点の集合であ

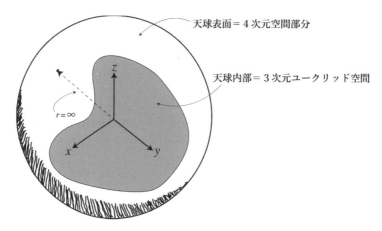

図4-6　4次元同次空間の天球モデル

る。

　原点における方向 $[X\ Y\ Z]$ の延長は、天球表面上の点と1対1に対応する。すなわち4次元空間部分とは天球表面そのものである。天球内部は3次元ユークリッド空間 xyz を構成するので、天球表面を含めた天球は4次元同次空間を表していることになる。これが4次元同次空間の簡易天球モデルである[脚注4]。

[脚注4]　これは3次元同次空間モデルの場合と同様、余計な煩雑化を避けるため、位相関係には触れず空間の点集合にのみ注目した簡易モデルである。本書において扱う議論の範囲は、3次元ユークリッド空間において、
$$\boldsymbol{p}_i + \delta\boldsymbol{p}_i = \boldsymbol{p}_{i+1}$$
なる形式の演算を繰り返し、極限としての、ある4次元の無限遠点 $(0, X, Y, Z)$ を目指す演算手続きに限定される。そのための4次元同次空間モデルとして本簡易モデルは十分である。

第5章　4次元同次図形処理

　従来、3次元の図形処理は当然のこととして3次元ユークリッド数学を用いて行われてきた。3次元の図形は3次元ユークリッド空間の存在

であるから、これはきわめて自然なことである。

　ところで3次元ユークリッド図形処理にはいくつかの解決困難な問題が存在していた。

　そこで筆者は3次元の図形処理を、3次元ユークリッド空間を覆う4次元空間で処理することを提案したのである。この4次元空間とは、4次元同次座標で表現される4次元同次空間である。その結果は驚くほど優れたものであった。

　筆者は、「諸悪の根源は割り算を実行することにあり」と考え、割り算に注目した。特に注目を惹いたのはゼロ割りのもたらす問題であった。図形処理においてゼロで割り算することは、無限遠点を求めようとする際に生ずる。完全な図形処理を実現するためには、無限遠点が非常に重要な役割を有することが分かったのである。

　そこでユークリッド座標の代わりに、無限遠点を明示的に記述できる4次元同次座標を導入することによって、演算における割り算を避けたのが4次元同次図形処理である。

　この変革によって、処理パラダイムが従来の3次元ユークリッド空間から4次元同次空間に変わり、割り算に起因した問題点が一挙に、きれいな形式で、すっきりと解決されてしまったのである[脚注1]。

　4次元同次処理の重要処理については、付録にまとめてある。

[脚注1]　ここに、筆者が実際に4次元同次図形処理を発見的に見出した経緯を記録しておく。
　　　1980年頃、図形処理という学問は多くの問題を抱えていた。筆者は、その頃この分野の学問を体系化し、まとめあげたいという強い問題意識を持っていた。
　　　当時、非常に関心を集めていた研究テーマの一つが、集合演算と言われるものであった。立体ブロック相互の論理的和、差、積集合の処理を行い、立体を積み木のような感覚で組み立てるための数式演算である。この演算は原理的に非常に厳しく、少しでも演算誤差が生ずると、そのために処理が破綻し不安定になりかねないという問題が存在する。3.3節で述べたように、ユークリッド空間の演算においては、割り算は不可避であり、それによる僅かな切り捨て誤差が生じ累積する。従って完全に安定な処理を実現することは理論的に不可能であった。

当時コンピュータのプログラミングは、アセンブリ言語という、機械語に近い言語を使う非常に面倒な作業であった。筆者は集合演算の研究に大変苦労した記憶がある。何度もなんども面倒くさい作業を伴う試行錯誤を繰り返したのであった。

筆者は集合演算の研究に苦労した経験から、本質的には割り算を必要としない演算方式というものはないものかという問題意識を長い間、持っていた。

三つの平面の交差による交点の座標 (x, y, z) を求める過程では、最後に割り算を行って座標を求める。その形式は次のようになる。すなわち、

$$x = B/a, \quad y = C/a, \quad z = D/a$$

割り算を実行することが諸悪の根元であるのだから、実行しないで演算を打ち切りにして、分母を含めた、分子との数の組そのものを交点の座標とみなすことにした。すなわち、(x, y, z) の代わりに (a, B, C, D) を、交点に関する新しい形式の座標とみなしたのである。3次元の座標は四つのデータ、言い換えれば4次元表現の座標 (a, B, C, D) で表すことができたのである。以後続いて行われる演算においては割り算に出会う度に同様に、割り算を行わないで分母を第4の座標とみなせばよい、と考えていた。

ところで1960年代の初め米国のMITにおいて、図形処理における変換処理を、同次座標の導入により、非常に簡単な形式で扱い得ることが発表されている。筆者もこれについては早い時点から知っており、簡潔で統一的記述の見事さ、美しさに強い感銘を受けていた。

わが国のある研究者は、変換処理を高速に行うマトリックス乗算器の研究を行っていた。その人の研究目的にとっては、「同次座標という表現方式があるが、特に有利になることはない」とみなしていた[1] 139ページ。この見解は筆者にはよく理解できた。なぜなら当時のコンピュータ技術では、得られる処理速度はまったく不十分であった。より効率的なマトリックス乗算器を実現するためには、演算回数を最小限に減らす必要があったのであるが、同次座標は冗長な表現なのである。

ところで筆者の問題意識は図形処理分野全体の学問の統一化、体系化であり、筆者はそのために割り算の必要のない演算方式を求めていた。あるとき前述の筆者の工夫した座標とは、4次元同次座標そのものであることに気付いたのである。すなわち筆者は図形処理の処理空間として、4次元同次座標に基づく4次元同次図形処理を発見したのである。

MITにおいては、変換という限定された処理に対し同次座標を適用し成功したが、さらにこの考えを4次元の処理パラダイムとして発展させようとする研究は存在しなかったようである。

筆者の関心は、図形処理という学問体系のあり方そのものにあったので、以後は一気呵成に、図形処理に関するあらゆる処理を同次座標に基づき4次元同次空間で行う方向で図形処理技術を体系化し、4次元同次

処理の完成に突き進んだのである[2]。

同次座標採用による処理の効率低下の問題に関しては、コンピュータ技術の進展に期待して、時間が解決してくれるだろうと達観していた。事実、現在では同次座標の処理の冗長性の問題は取るに足りない問題だ。

筆者の場合、図形処理にふさわしい4次元同次空間の発見によって、従来存在していたさまざまな問題点が解消され、図形処理という学問分野の体系化に貢献するという目標が一応は達成されたと個人的には考えている。

5.1　3次元ユークリッド処理と4次元同次処理

以後、煩雑さを避けるために、厳密には3次元ユークリッド空間処理、4次元同次空間処理というべきところを、それぞれ3次元ユークリッド処理、4次元同次処理と略記する。

さて、4.3節で調べたように、われわれの存在する3次元ユークリッド空間とは、原点に集中光線を当てた場合における、4次元同次空間の超平面 $w = 1$ 上の"影"であるとみなすことができる。

従って、従来の3次元ユークリッド処理は、"影"の存在空間処理であり、他方4次元同次処理とは"実体"の存在空間処理であるとみなせる。

これを以下に詳しく説明しよう（図5-1）。

3次元ユークリッド処理では、超平面 $w = 1$（3次元ユークリッド空間）において点 p が処理の結果、点 p* となる。すなわち処理は p → p* であり、これは"影"の存在空間処理である。

他方、4次元同次処理では、まず点 p は同次化されて4次元同次空間の点 P として表現される。そして4次元同次空間において点 P は処理の結果、点 P* となる。それは最終的に原点に中心投影されて3次元ユークリッド空間の点 p* となる。すなわち処理は p → P → P* → p* の順序である。ここに処理の本質的な部分 P → P* は、"実体"の存在空間処理である。

4次元同次処理における同次化では、第4章の［脚注1］で述べたよ

うに、点 $p = (1, x, y, z) \equiv (1, X/w, Y/w, Z/w)$ が w 倍されて、$P = wp = (w, X, Y, Z)$ となる（通常は $w = 1$ であるが、有理式の場合 $w \neq 1$）。

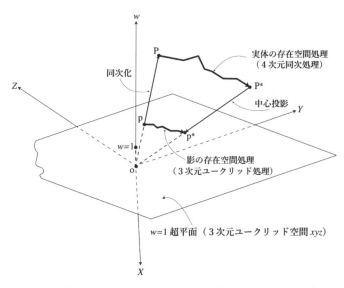

図5-1　4次元同次空間における、3次元ユークリッド処理
と4次元同次処理

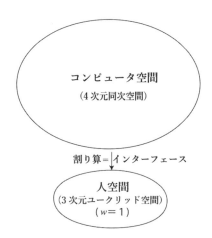

図5-2　4次元同次処理における
割り算の役割

　また4次元同次処理のいちばん最後に行われる、原点に対する中心投影とは、同次空間処理後の点 $P^* = (w^*, X^*, Y^*, Z^*)$ を、w^* により割り算して、人の理解が容易なスケール1の空間、すなわちユークリッド空間の座標 $p^* = P^*/w^* = (1, x^*, y^*, z^*)$ に変換することである（図5-2）。

5.2　4次元同次処理のさまざまな利点

　従来の3次元ユークリッド処理に比べ、4次元同次処理の利点は以下のようになる。

図形の数式記述

　同次処理において図形は、ユークリッド空間より1次元高い同次空間において、その<u>原点を通過する1次元高次の図形</u>により表される。

　すなわち、$w = 1$ 上の点は、同次空間の原点と、その点を通る直線により、また $w = 1$ 上の線分は、同次空間の原点と線分を通る扇形面状線束により、また $w = 1$ 上の多角形は、同次空間の原点と多角形面上の点を通る角錐形状線束により表される（図5-3）、すなわち同次化すると図形は、一般に原点を頂点とする楔形図形となる。

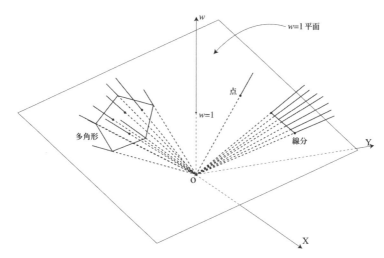

図5-3　同次空間における点、線分、多角形

同次処理においては、図形の数式記述は統一的かつ簡潔に表現される。

　これに関しては、改めて5.3.1項において、線分の記述を例に詳述している。

　同次処理では、図形の記述が射影不変であるから、その判定条件も射影不変であり、処理はきわめて一般的、統一的に行われる。

　次に、図形の変換処理について述べる。

変換
　ユークリッド処理においては、付録A1節に示すように、変換は線形変換、アフィン変換、および一般射影変換に分かれ、それぞれ異なる式表現により表される。

　他方同次処理の場合、A2節に示すように例えば3次元の場合、これら3種類のすべての変換は線形変換として、その種類に依存せず4×4行列により、統一的、一般的かつ簡潔に表現される。

　また変換の処理にあたっては、連続する変換は行列の積により、等価な単一の4×4行列に置き換えられ実行される。

　すなわちユークリッド処理では線形でない変換も、同次処理においては線形化され、ユークリッド処理に比べ格段に簡潔化されるのである。

双対性
　ここでいう双対性（duality）とは、仮に2次元平面上の場合を例にとれば、幾何学的命題において、点と直線を交換しても成立する性質のことである。

　例えば"二つの異なる点は一つの直線を作る"という命題の双対は、"二つの異なる直線は一つの点を作る"である。

　ユークリッド処理の場合、前半は成立するが、後半は、平行な二つの直線は交点を作らないので、双対性は完全には成立しない。

　他方、同次処理では、平行な二つの直線はその方向の無限遠点を交点

として明示的に持つので、厳密に双対性が成立するのである。

　双対性が完全に成立する場合には、例えば本例の場合、２点の同次座標データを入力し直線の同次係数を出力する関数は、そのまま二つの直線の同次係数を入力し、交点の同次座標を出力する、すなわち一つのプログラムを互いに双対な二つの目的のために使用できるのである。

無誤差演算

　3.3節で述べたようにユークリッド処理の演算には必然的にある程度の誤差が伴う。しかし図形処理の分野によっては、絶対的な無誤差演算を求められることがある。例えば図形相互の集合演算の場合である。

　同次処理においては、数値を有理数近似して表現し整数演算を行えば、割り算を実行しないので演算における完全無誤差が可能である。従って、演算誤差に基づく集合演算の不安定さを完全に排除できる。

　なお図形の記述は任意の精度で有理数近似できるので、図形の記述精度について近似誤差は通常、問題とはならないと思われる。

処理の安定性

　上述のように同次処理は、演算誤差に伴う処理の安定性に関してその完全性が理論的に保証される。

　さらに5.3.2項において詳しく論ずるように、同次処理は有理曲線に対する幾何的ニュートン・ラフソン法に関しても、ユークリッド処理に比べ格段に優れた安定性を有することが確認されている。

　以下に、平面上の二つの直線の交差について、処理の安定性の問題を考える。

　ユークリッド数学では、平行な二つの直線の交差を扱うことができないので、コンピュータ・システムの処理上、何らかの対応を迫られる。すなわち、ここに処理の不安定さが生ずる原因が存在するのである。

　ところで同次処理の場合はどうなるだろうか。

　同次処理においては前述のように、同次空間の原点を通る１次元高次の図形に対して処理を行う。

3次元同次空間 O-wXY において、$w=1$ 平面を問題とするユークリッド平面であるとみなす。この平面上の直線は、原点 O とその直線により作られる平面に置き換えられる。したがって $w=1$ 平面上のすべての直線の集合は、3次元空間における<u>原点を通過する</u>平面の集合、すなわち原点を通る平面束に置き換えられるのである（図5-4参照）。したがってこのように直線の代わりの、<u>原点を通過する異なる平面同士は、必ず原点を通過する交線を持つ</u>のである。この交線と $w=1$ 平面との交点が、平面上における2直線の交点である。

　図5-5(a)において、$w=1$ 平面上の交差2直線は、原点を通る交差2平面に置き換えられ、それらは原点を通る直線を交線として持つ。また

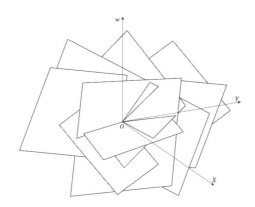

図5-4　原点を通過する平面束

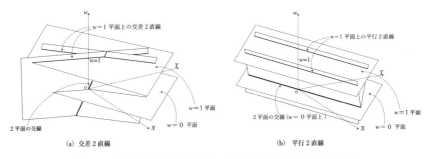

図5-5　同次処理における、交差2直線と平行2直線

図5-5(b)において、$w = 1$平面上における平行な2直線に対応する2平面は、$w = 0$平面上に交線を持つ。この交線は、交線の方向の無限遠点を意味する。

　すなわち同次処理においては、$w = 1$平面上における平行な2直線も例外とすることなく、すべての2直線は必ず交点を持ち、原点を通過する直線として表される。したがって、理論的に不安定な要因が存在しないのである。

　以上を要するに、4次元同次処理は3次元ユークリッド処理に比べ、以下の利点、すなわち、

- 図形の数式記述の、一般性（射影不変性）、簡潔性
- 図形の処理の、安定性、一般性（射影不変性）、簡潔性（線形性）、双対性、無誤差演算可能性

などを有し、従来処理では不可能であった事柄が、ほとんどことごとく解決している。これらの解決はあまりに鮮やかで印象的である。

5.3　具体例による3次元ユークリッド処理と4次元同次処理の比較

　以下に具体的な例により、3次元ユークリッド処理と4次元同次処理を詳細に比較してみよう。

5.3.1　線分に対する処理
ユークリッド処理の場合
　通常、線分とは、図5-6における通常線分を指すが、これに対し一般的な射影変換を施すと、無限半直線に、または両側線分に変換されることもある。
　ユークリッド処理の場合、このような3種類の線分は、それぞれ異なる式表現として表される。

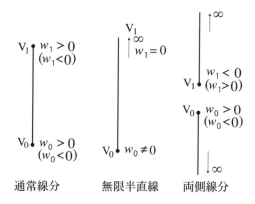

図5-6　3種類の線分

　ところで、このような3種類の線分同士の交差関係には、次の6種類の場合が存在する（図5-7）。

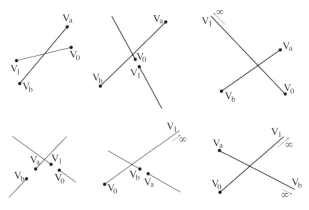

図5-7　6種類の交差関係

　ユークリッド処理の場合は、これら6種類の交差関係の、どの場合に相当するかを調べ、その交差判定を行う必要がある。これはきわめて煩雑である。

同次処理の場合

他方、同次処理の場合、線分は簡潔な唯一つの式表現により統一的に記述できるのである。

すなわち両端点の同次座標を $V_0 = (w_0, X_0, Y_0)$、$V_1 = (w_1, X_1, Y_1)$ として与えるとき、同次線分の式は、

$$V = \xi_0 V_0 + \xi_1 V_1$$
$$(\xi_0, \xi_1 \geq 0) \lor (\xi_0, \xi_1 \leq 0)$$

となる[3]。

この場合、図5-6に示すように、端点同次座標 w の符号の組み合わせにより、通常線分、無限半直線、両側線分は区別され統一的に表現される。すなわち同次処理の記述方式は射影不変である。

また同次処理の場合は、単一の、簡潔な判定条件により、交差判定を統一的、一般的に行うことができるのである。すなわち交差条件は次式となる。

$$(S_{01ab} = 0) \land (F_{01a} \cdot F_{01b} \leq 0) \land (F_{ab0} \cdot F_{ab1} \leq 0)$$

ここに、

$$S_{01ab} \equiv \begin{vmatrix} w_0 & X_0 & Y_0 & Z_0 \\ w_1 & X_1 & Y_1 & Z_1 \\ w_a & X_a & Y_a & Z_a \\ w_b & X_b & Y_b & Z_b \end{vmatrix}$$

$$F_{01a} \equiv \left[\begin{vmatrix} X_0 & Y_0 & Z_0 \\ X_1 & Y_1 & Z_1 \\ X_a & Y_a & Z_a \end{vmatrix} \begin{vmatrix} w_0 & Z_0 & Y_0 \\ w_1 & Z_1 & Y_1 \\ w_a & Z_a & Y_a \end{vmatrix} \begin{vmatrix} w_0 & X_0 & Z_0 \\ w_1 & X_1 & Z_1 \\ w_a & X_a & Z_a \end{vmatrix} \begin{vmatrix} w_0 & Y_0 & X_0 \\ w_1 & Y_1 & X_1 \\ w_a & Y_a & X_a \end{vmatrix} \right]$$

ユークリッド処理を困難にする要因

考え易くするために、"実体"の存在空間を $O\text{-}wXY$ とし、"影"の存在空間（$w = 1$）を $o\text{-}xy$ とする。"実体"の存在空間における線分は、3種類の"影"を生じ得る（図5-8）。

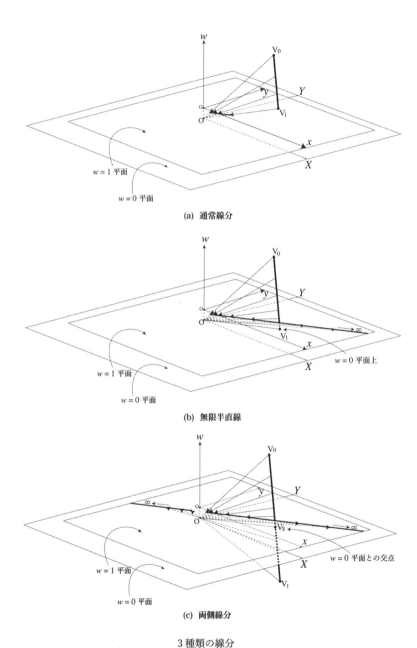

(a) 通常線分

(b) 無限半直線

(c) 両側線分

3種類の線分

図5-8　線分が作る3種類の"影"

　図5-8の(a)は、"実体"に相当する線分$V_0 V_1$の基本形状が維持される場合であって、何ら問題は生じない。

　問題が起きるのは、$w = 0$平面に対し、"実体"の線分が、その端点で接するか、または交差する場合である。

　同図(b)は、線分端点V_1が丁度$w = 0$平面上に存在する場合である。点のw値が0であるとはユークリッド空間における無限遠点を表す。3次元同次空間で表すならば、$w = 0$平面上の端点V_1の座標は $(0, X_1, Y_1)$ であり、これはベクトル $[X_1\ Y_1]$ 方向の無限遠点である。したがって線分$V_0 V_1$の"影"の図形は、$[X_1\ Y_1]$ 方向の無限半直線となる。

　同図(c)は、線分$V_0 V_1$が$w = 0$平面と点V_Sにおいて交差する場合である。この場合は、線分$V_0 V_S$と線分$V_1 V_S$の和であるとみなし、(b)の場合が2度現れると考えればよい。すなわち"影"の図形は、ベクトル $[X_S\ Y_S]$ 方向の互いに逆向きの無限半直線の和である。この形式の線分を両側線分と呼ぶ。

　また"実体"の図形が円である場合が、図4-3に示されている。

　ここで、線分の(b)に相当する場合、すなわち円が$w = 0$平面と接する場合は、"影"の図形は放物線となる。また線分の(c)に相当する場合、すなわち円が$w = 0$平面と交差する場合は、漸近線が発生し、"影"の図形は双曲線となる。

　また"実体"の図形が一般の曲線である場合に、線分の(c)に相当する場合、すなわち"実体"曲線が$w = 0$平面と交差する場合は、漸近線が発生し、"影"の図形は非常に複雑になる。

　以上より、同次線分が、$w = 0$平面に対し、その端点で接するか、または交差する場合、"影"の図形が複雑化して問題を起こすことが想像できよう。

　ユークリッド処理は複雑な"影"の図形を対象としなければならず、適切な処理が困難となるのである。

5.3.2 有理曲線に対する処理

ユークリッド処理の場合

　有理多項式曲線を処理する場合、ユークリッド幾何的ニュートン・ラフソン法には、大きな問題が存在する。

　以下は、付録 A3.3 よりの抜粋である。

　図5-9には、有理ベジエ曲線と線分との交差例を示す。有理ベジエ曲線は四つの頂点 q_0、q_1、q_2、q_3 の x, y 座標と w_0、w_1、w_2、w_3 なるウェイトにより定義されている。

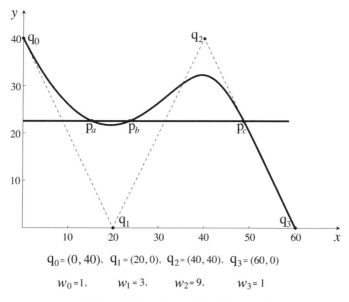

$q_0 = (0, 40)$, 　$q_1 = (20, 0)$, 　$q_2 = (40, 40)$, 　$q_3 = (60, 0)$

$w_0 = 1$, 　　　$w_1 = 3$, 　　　$w_2 = 9$, 　　　$w_3 = 1$

図5-9　有理ベジエ曲線と線分の交差

　図5-10は、初期パラメータ値を変化させた場合のパラメータの収束、非収束の状況を示す。非収束とは、同図の下部の表が示すように、パラメータ値が発散してきわめて大きな値となり、処理が破綻することを意味する。

　この現象は、幾何的ニュートン・ラフソン法を有理曲線に適用する場

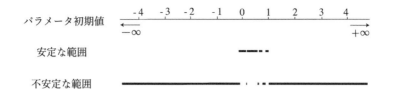

反復回数	初期値 0.5	初期値 0.7
0	0.50000000000000	0.70000000000000
1	0.16936274509804	−0.88040815211995
2	0.34229003494887	−2.0737146408332
3	0.22792555017231	−8.6191804840474
4	0.21765691304635	−124.86741441742
5	0.21713144078115	−24983.420641812
6	0.21712987883649	−996854619.52794
7	0.21712987882260	−1.5870292685864e+018
8		−8.7803503746756e+032
9		8.9074699540767e+047
10		−1.0733480293644e+063
11		1.8161797552409e+078
12		−∞

図5-10　図5-9の例題におけるパラメータの収束・非収束例

合、きわめて頻繁に現れ、重大な問題となる。通常多項式を対象とする
場合にはこの現象は現れない。

　有理曲線を対象とする場合、根の近傍に初期値を与えても、別の根に収
束するという、解の局所一意性が崩れるという現象が現れることもある。

同次処理の場合

　ところで、図5-9の場合と同じ有理多項式曲線を同次曲線として処理
した場合の結果を、ユークリッド処理の場合と併記して図5-11に示す。
同次処理により行うと、すべての初期値に対し、まったく安定に解が得
られていることが分かる。このような両者の特性の際立った対照は、他
の多くの様々な実験例によっても確かめられている。

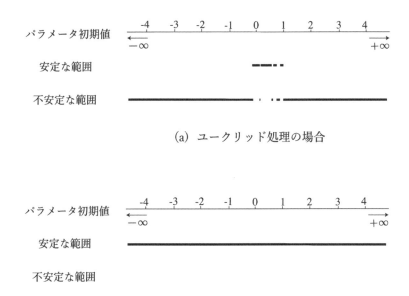

(a) ユークリッド処理の場合

(b) 同次処理の場合

図5-11　有理曲線を対象とする場合におけるユークリッド処理と同次処理の際立った対照

　本例は、"影"の存在空間において行われる処理が最悪の結果を呈し、処理不能となる例である[脚注2]。この場合、wXY 空間における同次曲線が $w = 0$ 平面を通過し、従って対応する有理曲線に漸近線を生じているのである。

[脚注2]　筆者には2000年頃、サンフランシスコのホテルで行われた図形処理の学会で以下のような経験をしたことが思い出される。
　　　　セッションの講演で登壇者は、「有理曲線に対する幾何的ニュートン・ラフソン法はきわめて不安定で、この解決は不可能であると諦めている」と述べていた。そこでセッション講演終了後筆者は、その人に「われわれの研究室では、この問題は解決済み」と話したのである。
　　　　その日の全講演終了後、彼から連絡があり、「興味を持っている人を集めたので、簡単に説明してくれないか」ということであった。驚いたことに、ホテルのロビーの一角に椅子がセットされ、10人ほどの人たちが既に着席しているではないか。筆者は、彼の行動力に驚かされた。

そこで筆者は、「有理曲線は、いわば"影"の図形である。一般に"影"の図形は複雑化する。"影"を生じさせた"元々の曲線"（同次曲線）を処理対象とすれば、完全に解決されますよ」という主旨の説明をしたのだった。

5.4　4次元同次図形処理の本質

　前節における二つの例、すなわち線分に対する処理と有理曲線に対する処理についての詳細を調べることにより、従来の3次元ユークリッド処理に対する4次元同次処理の関係が明確に浮かび上がった（5.1節参照）。

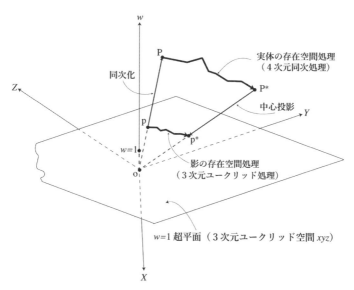

図5-12　3次元ユークリッド処理と4次元同次処理

　すなわち（図5-12参照）、3次元ユークリッド処理は、対象とするものの"実体"を処理するのではなく、実はその"影"を処理しているのである（p → p*）。これに対し4次元同次処理は、対象とするものの"実体"そのものを処理するという（P → P*）、本来あるべき、正しい処理方式であることが分かる。

　これを具体的に述べると、線分に対する処理の場合、3次元ユーク

リッド処理では3種類の"影"の線分を生じ、その6種類の組み合わせの交差に対応せねばならず複雑である。他方4次元同次処理の場合、対象は"影"を生じさせた"実体"としての1種類の単一な形式に統合された線分であり、処理はきわめて簡潔である。

　有理曲線に対する処理の場合、ユークリッド処理に対する同次処理の優越性は圧倒的である。すなわち有理曲線に幾何的ニュートン・ラフソン法を適用する場合、同次処理では特に問題となることはない。これに対し"影"を対象とするユークリッド処理の場合、しばしば不安定な現象が発生し、それに対する対応はほとんど不可能である。前節の［脚注2］を参照。

　ところで3次元ユークリッド処理と4次元同次処理の違いを、処理空間の点集合の観点から考えてみよう（図5-13）。

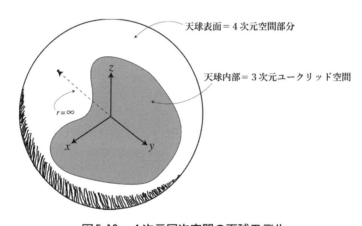

図5-13　4次元同次空間の天球モデル

　4次元同次空間は、3次元ユークリッド空間すなわち天球内部に対し、4次元空間部分、すなわち天球表面を加えた空間である。天球モデルは $r = \infty$ として考えるのであるから、両者の相違はきわめて僅かであるともいえよう。

　しかし実際には、このほんの僅かな相違が4次元同次空間をして、本

来あるべき“実体”としての処理を可能としているのである。

　さらにまたこの4次元同次処理では、空間の記述は4次元同次座標によりなされ、かつ<u>“割り算”の関与する“影”を求める必要がない</u>から、演算上“諸悪の根源である割り算”は排除される。

　以上のように考えてみると、4次元同次空間と3次元ユークリッド空間との点集合としての差はほんの僅かであるが、その差が4次元同次処理をして3次元ユークリッド処理に対し圧倒的優越性をもたらしているのである。

　すなわち、4次元同次処理の本質とは、

　　“影”を対象とする処理方式ではなく、“影”を生じさせる“実体”
　　を処理するという、本来あるべき処理方式、

であるということだ。

　図5-14には、筆者が3次元ユークリッド処理の問題点を認識し、遂に4次元同次処理に辿り着いた過程を示す。

5.5　図形処理を超えた一般哲学原理への可能性

　ある研究上の変革の結果が、ほとんど全項目にわたって優れた効果をもたらすということは滅多に起きることではない。

　しかし、従来の3次元ユークリッド処理が、実は“実体”そのものではなくその“影”による代行処理という不自然なものであることが分かり、その変革により、本来の、“実体”を対象とする正しい処理が実現したのであるから、この変革により生じた優れた成果は十分に納得できる。

　すなわち3次元ユークリッド処理が行われる3次元ユークリッド空間は3次元図形処理のためには不完全で、4次元同次処理が行われる4次元同次空間がそのための適正な空間であると言える。

　ここに4次元同次空間とは、3次元ユークリッド空間に対し4次元空

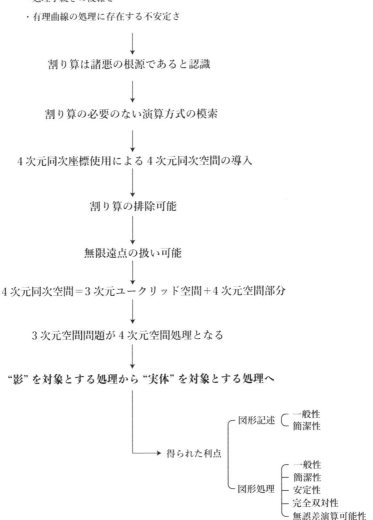

3次元ユークリッド処理の問題点の認識

・割り算による不安定さ（平行に近い二つの直線の交差など）
・割り算に伴う演算誤差による処理の不安定さ（集合演算など）
・処理手続きの複雑さ
・有理曲線の処理に存在する不安定さ

↓

割り算は諸悪の根源であると認識

↓

割り算の必要のない演算方式の模索

↓

4次元同次座標使用による4次元同次空間の導入

↓

割り算の排除可能

↓

無限遠点の扱い可能

↓

4次元同次空間＝3次元ユークリッド空間＋4次元空間部分

↓

3次元空間問題が4次元空間処理となる

↓

"影"を対象とする処理から"実体"を対象とする処理へ

→ 得られた利点 ┬ 図形記述 ┬ 一般性
　　　　　　　　　　　　　　└ 簡潔性
　　　　　　　　└ 図形処理 ┬ 一般性
　　　　　　　　　　　　　　├ 簡潔性
　　　　　　　　　　　　　　├ 安定性
　　　　　　　　　　　　　　├ 完全双対性
　　　　　　　　　　　　　　└ 無誤差演算可能性

図5-14　ユークリッド処理の問題点認識から同次処理に至る経緯

間部分を加えた空間であることを考慮すると、上の文言は次のように言い換えることもできる。すなわち、

　　　3次元の図形に対し、3次元ユークリッド空間はそのための処理空間としては不完全であって、それに"4次元空間部分（無限遠点の集合）"を加えた空間が適正な処理空間である、

となる。

　さて図形処理の分野における3次元の難問題が、それより1次元高い空間の処理とすることにより、ことごとく解決された事実は、図形処理の分野を超えた、哲学原理と考えることはできないだろうか。

　このように考えるようになったそもそものきっかけは、第1章で紹介した、ギリシャの哲学者プラトンのイデア論の考えが同次処理の思想と共通するものがあるように思えたからである。

　その場合、一般の3次元問題すなわち"人の世"の問題（＝哲学）を、4次元的に観る原理とはどのようなものであろうか。

　また、一般の3次元問題において、4次元同次図形処理における"4次元空間部分（無限遠点の集合）"に相当する空間とはどのような空間なのだろうか。すなわち4次元化のキーポイントである無限遠点に対応するものとは何だろうか。

　本書ではこれから、この"大問題"を少しずつ考えてみることにしよう。

◆ 参考文献

［1］穂坂衛『コンピュータ・グラフィックス』産業図書、1974。

［2］Fujio Yamaguchi: *Computer-Aided Geometric Design—A Totally Four-Dimensional Approach—*, Springer-Verlag, 2002.

［3］Niizeki, M. and F. Yamaguchi: Projectively Invariant Intersection Detections for Solid Modeling, *ACM Transactions on Graphics*, Vol. 13, No. 3, 1994.

パート2　知的思考の基本手続き —— 抽象

第6章　抽象と抽象概念

　本章では、人の行う知的思考の基本手続きである"抽象"を扱う。

6.1　原義としての抽象の定義

　ここで基本に立ち戻り、改めて抽象の定義から確認する。辞典などよりまとめると、

> **抽象の定義（原義）**
>
> 　抽象とは、個物や表象の集合に対し、ある性質・共通性・本質に着目し、それを抽き出して把握することである。その際、他の不要な性質を排除する作用（＝捨象）を伴うので、抽象と捨象とは同一作用の2側面を形づくる。

となる。ここに抽象により抽き出された概念を"抽象概念"という。

　われわれの周りには、直接的に認識できる、個々に区別された"もの"が存在する。これを本書では"個物"と呼ぶ。一人ひとりの人とか個々のペンなどの具体的事物がこれに相当する。

　また外部の対象に対し直感的に人の心に浮かぶ像を"表象"という。例えば、ある絵画を見て天国をイメージしたとすれば、その個人にとっては天国が表象である。

　本書では、個物と表象をまとめて具象要素と呼ぶ。

　抽象の定義を、図6-1に示す。ここにおいて個物や表象などの具象要

素は具象の空間に、また抽象概念は抽象の空間に、それぞれ点により示されている。

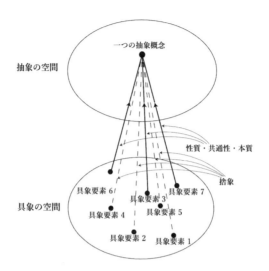

図6-1　抽象の手続きの定義

　なお、抽象の手続きの対象とする集合を、以後"抽象対象集合"と呼ぶことにする。

6.2　具象要素と抽象概念の認識

　具象要素とは異なり、人は直接的には接し得ないさまざまな"考え"、"概念"、すなわち抽象概念も認識する。

　ここで具象要素（個物や表象）と抽象概念に対する人の認識についてまとめてみよう。

　人は、"身体と心より成る"と考える場合の、"広い意味の心"は、対象に応じ身体の異なる器官をコントロールし、異なる種類の働きを示す。

具象要素の認識

人の心は、五官と呼ばれる感覚器官をコントロールして、**感覚の働き**により個物や表象を認識する。

具象要素の認識は、個人個人が意識の対象に対し持つもので、主観的、内的・個人的である。

この認識は心の持つ比較的低いレベルの働きとみなせる。

抽象概念の認識

抽象概念は、内容の種類はさまざま、その深さにもそれぞれ大きな違いがある。

わずかな数の具象要素に対する抽象の手続き直後の抽象概念は、具象要素と大差なく感覚により認識できるだろうが、抽象の手続きが繰り返されるに従い、生成される抽象概念にはその本来的な性質が現れる。

すなわち先述の具象要素の認識が内的・個人的であるのに対し、抽象概念は本来、個人を超え、外的・共通的である。前者の認識が主観的であるのに比べ、概念は定義により与えることができ、より客観的である。

人の心は頭脳をコントロールして、抽象概念を**思惟の働き**により認識する。この認識は心の持つ高いレベルの働きである。

抽象が繰り返されればされるほど生成抽象概念は高度となり、その認識、判断はより高度な**思惟**の働きを必要とするだろう（7.3節参照）。

人の認識活動は、五官を介して感覚の働く具象要素の存在する具象の空間のみならず、頭脳を介して**思惟**の働く抽象概念の存在する抽象の空間にも及ぶ（図6-2）。

なお以上においては、個物と表象を一括して具象要素としたが、特別の場合以外は、簡潔化のために今後は、表象を個物の表現に含め、単に個物と呼ぶことにする。

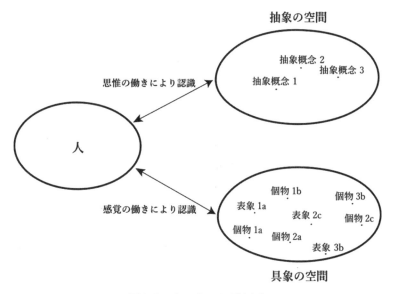

図6-2　人の心の認識活動

6.3　抽象の定義の検討

　6.1節に示した、原義としての抽象の定義において重要な点は、

　　"ある性質・共通性・本質に着目し、それを抽き出して把握する"

にある。

　そこで、上記重要点を維持したまま、抽象の手続きの対象とする要素の統一化を図ることを考える。

　すなわち本書においては、知的思考作業の前提として、各個物に対して抽象を行ったとして形式的に抽象概念化し、抽象の対象を抽象概念に統一する。この特別な抽象概念を本書では"特例抽象概念"と呼び、6.5.2項においてさらに論ずる。

　この統一化により、今後われわれの対象とする抽象の定義は以下の通りとなる。

抽象の定義（本書）

　　抽象とは、抽象概念の集合（特例抽象概念としての個物も含む）に対し、ある性質・共通性・本質に着目し、それを抽象概念として抽き出して把握すること。その際、他の不要な性質を排除する作用（＝捨象）を伴うので、抽象と捨象とは同一作用の２側面を形づくる。

　抽象の定義は、対象を抽象概念とすることに統一されたが、普通には個物としての特例抽象概念を対象とすることが多いであろう。

　以下には、この統一化の意味を考えてみよう。

　原義としての抽象の定義は、いくつかの個物の集合を対象に手続きを行うが、この集合は人が指定するのであるから、対象とする個物の数は知れたものであろう。

　ところで本書定義の抽象の対象は抽象概念である。一般に抽象概念はその生成に関与しているいくつかの随伴要素（その抽象概念の生成に関与した抽象概念や個物）を持つから、本書定義の場合は、抽象の手続きにより発生する抽象概念に関与する個物の合計数は、前者の場合に比べ格段に多いはずである（図6-3参照）。

　すなわち、"抽象対象集合" の要素を抽象概念に統一する方式は、原義としての定義に比べはるかに強力であり、実際的でもあると考えられる。

　ここに、抽象対象集合に新たに含められる抽象概念は、その随伴要素により構成される樹木図に相当する裏付けの存在が必要とされるはずである。

　しかし学問の成果として十分に認知された結果としての抽象概念は、利用者の責任のもとに、想定された価値を持つ概念として、随伴要素なしに抽象概念単独での利用も可能とする。

　ここに加えられた抽象概念は、後に行われる "最終抽象概念の総合" において特殊な扱いを必要とするが、この存在が最終結果にピカッと輝く特徴となる期待を持たせるのである（13.3節参照）。

　以上の措置により、抽象対象集合の要素を抽象概念に統一し、抽象の

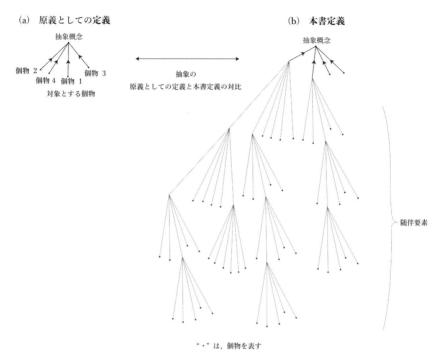

(a)　原義としての定義

(b)　**本書定義**

抽象概念

個物 2

個物 4　個物 1　　個物 3

対象とする個物

抽象の
原義としての定義と本書定義の対比

抽象概念

随伴要素

" · "は、個物を表す

図6-3　原義としての抽象の定義と本書定義の対比

手続きを行うことになる。しかし内容上の議論の場合には、もちろん個物、抽象概念の区別には注意を払わねばならない。

　なお、一連の抽象の手続きを全体として見れば、この知的思考の作業は、個物の集合を入力とし、抽象概念を出力とする、とみなすことができる。

6.4　円表示抽象概念による抽象

　図6-1に示したように、個物と抽象概念の存在はそれぞれ具象の空間および抽象の空間において点により表示した。

　ところで抽象概念には内容の広がりがある。抽象概念相互の部分的共通、包含、分離の関係を表すために円を使ってその広がりを表す。

　例を挙げてみる。

日本列島に居住する人は、概して身体的に170センチ前後の身長、黒い髪と薄黄色の皮膚をしている。勤勉な民族で、外国の進んだ文化を積極的に取り入れる進取の精神に富んでいる。性格は、他の民族と比べて、内向的で静かさを好み、温厚で礼儀正しい。毎日風呂に入る習慣を持ち、きれい好きである。真面目ではあるが、ユーモアには欠け、目立つことを躊躇する性格を持っているとされる。自己表現は苦手で、行動様式は集団で行動することを重視する。

　以上のような諸性質に対し、抽象の手続きを施すことにより、日本人という抽象概念が得られると考えられよう（図6-4）。

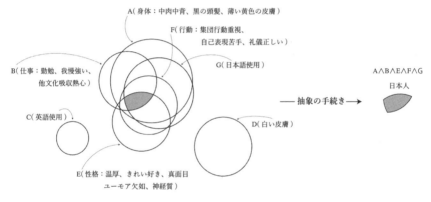

図6-4　日本人という抽象概念

　図6-4において、A, B, …… E, F, G なる抽象概念の集合が与えられるとき、A, B, E, F, G には、共通性が認められ、また、C と D は孤立し、無関係に見える。そこで無関係な要素は考察から外し（捨象）、与えられた集合の共通な性質に注目し、それを抽き出す手続きが抽象である。その結果を記述すると、

$$A \wedge B \wedge E \wedge F \wedge G \quad \rightarrow \quad 日本人$$

となる。

6.5 抽象の価値理論

6.5.1 抽象と普遍

さてここで、抽象の手続きの意味することを確認するために、最も基本的である、二つの抽象概念 A、B に対する抽象の手続きを円表示により表すと、図6-5(a)となる。

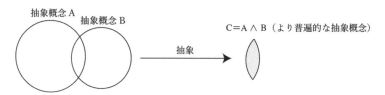

抽象概念 A　抽象概念 B　　　　　　　C＝A∧B（より普遍的な抽象概念）

抽象

(a) 円表示抽象概念による抽象の手続き

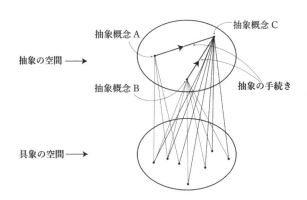

抽象概念 A　　　　抽象概念 C

抽象の空間 ——→

抽象概念 B　　　　　抽象の手続き

具象の空間 ——→

(b) 抽象の手続きの抽象の空間・具象の空間における表示

図6-5　抽象の手続きが意味すること

またこの手続きを、抽象の空間と具象の空間を使って示すと図6-5(b)のようになる。

ここで注意すべきことは、抽象の手続きによる結果の抽象概念 C は、図(a)においては共通部分を表すから、面積は縮小する。一方この関係は具象の空間においては、共通部分に対応する個物の数の増大として表される（図(b)）。これが、抽象の手続きの結果が、より普遍的になるこ

との意味である。言い換えれば、ある概念がより多くの個物のどれにでも同一の意味で適用し得ることが普遍的の意味である。

　例えば、"猫" と "犬" の集合により "動物" という抽象概念を得たとすれば、"動物" は "猫" または "犬" より、より普遍的な概念ということができる。生成抽象概念は、選択されたものの共通性の概念化であるから、より普遍的であるのは当然である。

　すなわち抽象とは、より普遍に到達するための手続き、方法であると考えることができる。

　そこで、抽象の対象とする集合の内容を、ある一定の方向に適当に制御し抽象の手続きを繰り返すことにより、さまざまな普遍な概念が得られるものと予想される。

　次項では、抽象の手続きそのものについてさらに考察する。

6.5.2　価値の発見と表現

　人の知的思考における基本手続きである抽象は、ある目標のもとに行われる。

　抽象は、対象の集合に対し、人がその感覚的、**思惟**的なあらゆる認識能力を働かせて判断を行い（図6-2参照）、ある特定の要素の集まりを選定・評価しその他を捨象し、結果としてある抽象概念を抽き出す。

　本書においてはここで、抽象の手続きに "価値" の概念を導入する。すなわち、抽象の手続きにおいて認識、判断を行うのは人であり、手続きの主体である。主体が、ある特定の要素（客体）を特に選定・評価するとは、主体が、ある価値をその客体に "発見" し、それをその客体に与えることであると考える。

　またその結果、主体は発見した価値の総和を獲得したと考え、それを抽き出された抽象概念の価値として "表現" する。

　人はある目標を持って抽象の手続きを行い、その方向性に基づき対象を評価しているのであるから、価値は、方向と大きさを持つと考えられる。

　ところで哲学においては一般的価値の表現として、"真・善・美" な

ど、3次元として捉えることが多い[1]。

そこで本書における抽象の手続きの対象の価値も3次元ベクトルにより表現する。

また6.3節で述べたように、知的思考作業の前提として個物は特例抽象概念として概念化されているとした。この場合の個物としての特例抽象概念は、各個物固有の方向を持つ、単位の大きさの3次元ベクトルにより表される原初の価値を持つと仮定する。

これが抽象の手続きにおける価値発生の根源となる。

ところでこれまで抽象概念は抽象の空間に、また個物は具象の空間に属すとしてきた。しかし抽象概念、個物いずれも3次元の価値ベクトルにより表される概念とみなされることになったので、今後は個物も抽象概念も同一の空間において表現する。この空間を"3次元概念空間"と呼ぶ。

なお、ここに導入した価値の概念は絶対的な意味のものではない。抽象の手続きを行う人が個人として知的思考の判断を行う場合において便宜上設定された私的価値である。

6.5.3　生成抽象概念の価値の決定

次に抽象の手続きの一般的な場合を考える。

抽象の手続きの結果、新しい抽象概念が生成され、それは人により選定・評価された対象要素により構成される（図6-6）。

既述のように、特例抽象概念を含む抽象概念は3次元価値ベクトルにより表されることに注意しよう。

抽象対象集合における抽象概念は、一般にすでに随伴する構成要素を持っている（図6-7）。

抽象の手続きに伴い、抽象対象集合の中から選定・評価された要素（これを直接選定対象要素と呼ぶ）およびそのすべての随伴要素は、そ

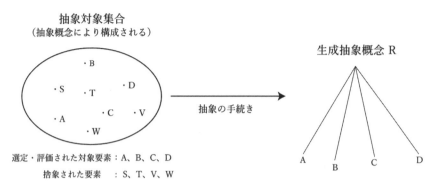

選定・評価された対象要素：A、B、C、D
捨象された要素　：S、T、V、W

図6-6　抽象の手続きによる抽象概念の生成

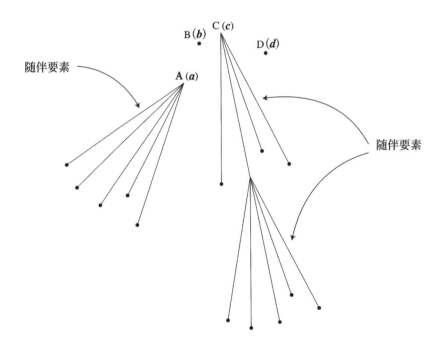

"・" は、個物を表す

図6-7　抽象対象集合における個物（特例抽象概念）と抽象概念

れぞれの従来価値ベクトルを増大し、また一方、生成抽象概念はその価値を、すべての直接選定対象要素の新価値ベクトルの総和として表す。

　そこで次のように、抽象の手続き後の具体的価値の決定法を仮に定めるとする。

具体的価値の決定法
１．直接選定対象要素の新価値
　直接選定対象要素を含むそのすべての随伴要素は、従来価値ベクトルの２倍を新価値ベクトルとする。

２．生成抽象概念の価値
　生成抽象概念の価値は、すべての直接選定対象要素の新価値ベクトルの総和として表す。

　上述の規則に基づく、抽象の手続きによる対象要素の価値の変化と生成抽象概念の価値を、図6-8に基づき以下に説明する。

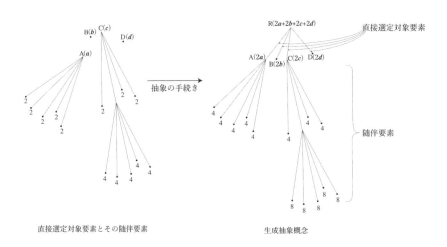

"．" に付した数字は、個物（特例抽象概念）の価値の大きさを表す

図6-8　抽象の手続きによる対象要素の価値の変化と生成抽象概念の価値

同図の左側は、抽象の手続きによる直接選定対象要素 A、B、C、D を表し、それらの従来価値ベクトルは、括弧により、A(a)、B(b)、C(c)、D(d) のように示す。ここに、B、D は特例抽象概念であるから、$|b| = |d| = 1$ である。

　同図の右側は、抽象の手続き後に生成された抽象概念 R の構成とその構成要素の新価値ベクトルを括弧で示す。

　生成抽象概念 R のすべての構成要素の新価値は従来価値の 2 倍となる、すなわち A($2a$)、B($2b$)、C($2c$)、D($2d$) である。

　従って抽象概念 R の価値は、A、B、C、D の新価値の総和、すなわち、R($2a+2b+2c+2d$) となる。

◆ 参考文献
［1］『精選版　日本国語大辞典』小学館。

第7章　普遍概念

7.1　抽象の極限としての普遍概念

　人の知的思考は、抽象の手続きを基本とし、その繰り返しとみなせる。

　抽象とは、6.5.1項で調べたように、"より普遍な"抽象概念を生成する手続きであるとみなせる。また本書においては抽象の手続きに関わるすべての要素は、3次元概念空間においてその価値を3次元価値ベクトルとして表されている。

　ここで、人がある価値の方向を強く意識し、その方向のより大きな価値を持つ、より普遍な概念を求めるとしてみよう。これは目指す方向を向く要素を抽象対象集合に加え、不適な要素を削除することにより行う。このような手続きを、設定された目標の方向に沿うように適切に制御し続けるとすれば、生成される抽象概念の価値ベクトルの大きさとその普遍性は限りなく増大するだろう。

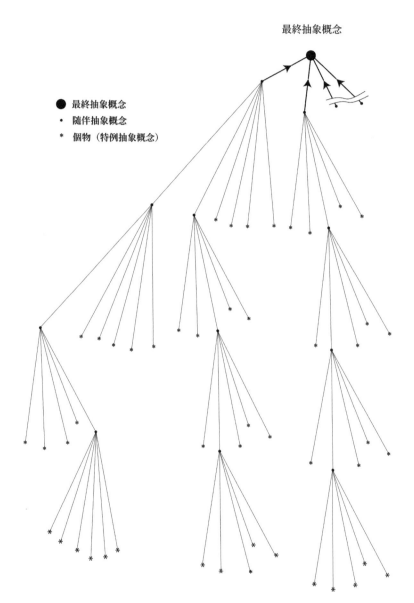

図7-1　最終抽象概念の生成過程を表す樹木図

ただし価値ベクトルの大きさはいかに大きくなろうとも、有限な値の範囲であり、生成される概念も大きな有限な価値を持つ"抽象概念"であることに変わりはない。しかしそれまでの過程の極限としての、無限大の大きさの価値ベクトルを持つ、ある概念を想定することはできる。この想定上の極限としての概念を本書においては"普遍概念"と定義する。

　ここで、極限に至る前のある段階における最終抽象概念生成に関連する随伴要素（随伴抽象概念と個物）の関係を図7-1に示す。これより分かることは、最終抽象概念は、そのすべての随伴抽象概念と個物に対して、同一な意味で適用し得る、ということである。

　ところで抽象の手続きに基づく作業は結局、個物の集合を入力とし、抽象概念を出力とするとみなせる（6.3節参照）。

　従って普遍概念の定義における無限回の極限においては、普遍概念は無数の（無限の数の）個物に対し、同一の意味で適用し得ることが理解できよう。

　すなわち、上に定義した普遍概念はまさに絶対的な概念なのである。

　最後に、本書普遍概念定義の核心部分を、7.4節における現代哲学のそれとの比較のために、個物の数の表現として次に改めて示す。すなわち、

　　「無数の個物のどれにでも同一の意味で適用し得る概念」

　である。

7.2　ベクトル演算による普遍概念

　ベクトル演算により普遍概念に接近することを試みたいが、その前の段階で、まず4次元同次空間における3次元ユークリッド空間において次の演算を行ってみる。

　すなわち、ある点のユークリッドベクトル $\boldsymbol{p}_0$ を初期ベクトルとして、常にある一定の方向に次のベクトル演算、

$$\boldsymbol{p}_i + \delta \boldsymbol{p}_i = \boldsymbol{p}_{i+1}$$

を繰り返すと、3次元点のユークリッドベクトルの大きさは、一定の方向に限りなく増大し、無限回演算を実行するという想定上の極限においては無限大となり、もはやその座標は3次元 (x, y, z) の形式では表現不可能で、4次元同次座標 $(0, x, y, z)$ として表される（4.1節参照）。これは4次元空間部分の点であって、これまでに発生した点 (x, y, z) が属する3次元ユークリッド空間とは属する空間が異なる（図4-5(c)参照）。

　ここに4次元同次座標 $(0, x, y, z)$ により表される点は、数学上は無限遠点と呼ばれる[脚注1]。

[脚注1] ここで注意したいことは、人による手続き、
$$\boldsymbol{p}_i + \delta \boldsymbol{p}_i = \boldsymbol{p}_{i+1}$$
によっては、点 $(0, x, y, z)$ に到達することはできず、従って人はこの手続きにおいては、この無限遠点を認識することはできない。しかし、人は数学上の知識により、その極限点が"無限遠点"であることを認識するのである。

　次に人の知的思考を3次元概念空間において考える。

　ある抽象概念の価値ベクトル $\boldsymbol{v}_0$ を初期ベクトルとして、常に一定の方向に抽象の手続きを繰り返すとする。この場合の抽象の手続きの演算は次式で表される（6.5.2項において、価値ベクトルは3次元ベクトルと仮定している）。

$$\boldsymbol{v}_i + \delta \boldsymbol{v}_i = \boldsymbol{v}_{i+1}$$

　ここに $\boldsymbol{v}_i$、$\boldsymbol{v}_{i+1}$ は、それぞれ、i-番目、$(i+1)$-番目に生成される抽象概念の価値ベクトルである。

　抽象の手続きを繰り返すと、生成抽象概念の価値ベクトルの大きさは、一定の方向に限りなく増大し、無限回、抽象の手続きを実行するという想定上の極限においては無限大となり、もはやその概念は3次元価

値座標 (v_x, v_y, v_z) の形式では表現不可能であり、4次元同次座標 (0, v_x, v_y, v_z) として表される。

(0, v_x, v_y, v_z) は、価値の方向がベクトル [$v_x v_y v_z$] により表され、かつ、その大きさが無限大である普遍概念を表す。これは4次元概念であって、これまで発生した抽象概念 (v_x, v_y, v_z) の3次元概念空間とは属する空間が異なる。すなわち、本書定義による普遍概念は4次元の存在なのである。

本書においては、普遍概念が属する4次元の空間を4次元概念空間と呼ぶ。

以上より、人の知的思考に関与する空間は3次元概念空間と4次元概念空間であることがわかる。

7.3 抽象概念の認識と普遍概念への接近と認識

筆者は本章において絶対的な意味の普遍概念を定義した。

そこで改めて抽象の手続きにおける人の認識判断について考察してみたい。

ここに認識判断の対象は抽象概念であり、その認識については簡単に6.2節で調べた。

抽象の手続き：

$$\boldsymbol{v}_i + \delta \boldsymbol{v}_i = \boldsymbol{v}_{i+1}$$

における判断は、人の心がコントロールする頭脳の働きによる認識判断能力、すなわち人の "思惟の働き" により行われる。

抽象の手続きが何度もなんども一定の方向に繰り返されれば、その度に生成抽象概念のベクトル表現された価値の大きさは増大し、またその概念の普遍性も増大する。

上式において $\delta \boldsymbol{v}_i$ の方向制御が一定の方向に適切に行われるとすれば、ある方向に向かう抽象概念を表す価値ベクトル列が発生する。

ところで人の行える範囲の手続きでは、すなわち有限な大きさのベク

トル δv_i を有限回加えても、理論上その結果は極限である普遍概念に到達することはない。

　従って抽象の手続きにおいては、人は絶対的普遍概念の存在を現実的に確認、認識することはできない。

　この関係は、$n \to \infty$ のとき、数列 $\{a_n\}$ が、ある定まった極限値 α に限りなく近づく場合に似ている。

　人が演算により数列を発生する過程（抽象の手続きに相当）では、α（絶対的普遍概念に相当）を実際に確認できない。この場合は、数学上知られている手法を用いることにより極限値 α を導出し、確認することができる。

　抽象の手続きの極限としての絶対的普遍概念の場合も、学問上の知識（論理）を援用することにより、認識可能であると考えられる（［脚注1］も参照）。

　すなわち4次元の存在である絶対的普遍概念を認識するためには、「抽象の手続きにより発生する抽象概念の認識能力だけでなく、学問上の知識（論理）も含めた、人の認識判断能力」が必要とされる。

　これを“最高度の<u>思惟</u>の能力”と呼ぶことにする。

　つまり4次元概念の認識のためには、人の最高度の**思惟**の能力が必要とされるのである。

　このように考えると、抽象の手続きの繰り返しの上に、さらに学問上の知識（論理）も援用することにより、絶対的普遍概念に到達することも理論的には不可能ではないのであり、真理、すなわち正しい方向の絶対的普遍概念を発見することも不可能ではないことになる[脚注2]。

　実は既に7.2節において、絶対的普遍概念が4次元の数学的座標により示されているが、第8章において、人の知的思考空間の要素として、その数学的存在が最終的に証明されているのである。

［脚注2］単に普遍概念といえば、好ましからざる意味の概念もあり得ることを考慮し、本書においては、“正しい方向の普遍概念”を真理とする。

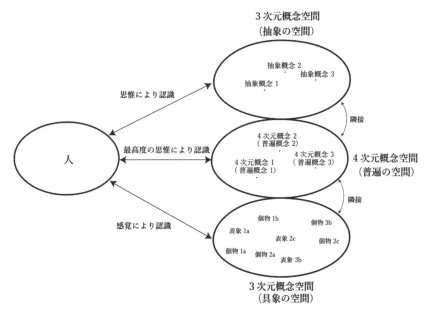

図7-2　人、３次元概念空間、４次元概念空間の相互関係

　なお図6-2における人の認識活動を表す図は、人、３次元概念空間、４次元概念空間なる用語を用いることにより図7-2のように表される。図において普遍概念の認識が"最高度の**思惟**による認識"としてあることに注意されたい。

7.4　現代哲学と本書における普遍概念の比較

　ここで、現代哲学における普遍概念の定義と本書における定義を比較してみよう。

　まず現代哲学の定義は、いずれの辞書によっても大体、普遍概念は、

　　「多数の個物のどれにでも同一の意味で適用し得る概念」

として与えられる（下線筆者）。

　一方、本書定義の核心部分を下に示すと、

「無数の個物のどれにでも同一の意味で適用し得る概念」

となる。

両者の本質的な相違とは、同一の意味で適用し得るとする個物の数が有限か無限か、である。

筆者は、現代哲学の普遍概念の定義には不完全さが存在すると考える。以下その理由を述べる。

まず具体的例を挙げてみる。

幾何学上の“点”とは、位置をもつが部分をもたない概念である。実存する無数の個物は“点”を基本要素とみなせる。この意味で“点”は絶対的普遍概念である。

しかし相対的概念を表す現代哲学の普遍概念はこれに対応できない。

もう一つの例として、中世における普遍論争を考える。

実在論論者は、神学という学問構築の目的のための用語として、絶対的な意味を持つ普遍概念を持ち出したと考えられる。

聖書における、アダムの原罪も、その後の罪業も、苦しみも、個々の事実に過ぎないのである。しかし、それらを人類の本質と前提することにより、キリストによる救済は人類全体の救済という普遍的な意味を持つことになり、彼らの目的にとっては好都合である。

彼らは“人類”という語に絶対的な意味の普遍性を持たせたかったのである。

しかし唯名論論者は、その普遍概念が絶対的なるが故にその実在性を疑い、“単に名目に過ぎない”としたのではないだろうか。実は本書で明らかにしたように、絶対的普遍概念は数学的に4次元の存在なのである。

また現代哲学の普遍概念の定義は、抽象概念を普遍性の観点から述べたものと変わらず、普遍概念の定義としては相応しくない。筆者は、抽象概念とは異なるはずの普遍概念は、その特別な意味の相違が定義中に明確に示されていなければならないと考える。

以上二つの例を挙げて、現代哲学が定義する普遍概念の問題点を指摘

した。

　本書における４次元的検討によって初めて、普遍概念（絶対的普遍）
と抽象概念（相対的普遍）の定義における両者の明確な分離・区別が可
能となったのである。

第8章　知的思考空間の数学的構造

8.1　知的思考空間の数学的構造

　次に知的思考空間を代数学的に検討してみよう（以下、下付き文字の
大文字、小文字の区別に注意）。

　知的思考空間は、３次元概念空間とそれに連なる４次元概念空間によ
り構成され、３次元概念空間の要素は（v_x, v_y, v_z）により、また４次元
概念空間の要素は、（$0, v_x, v_y, v_z$）により記述されることがこれまでの
検討により分かっている（7.2節参照）。

　３次元概念空間の要素（v_x, v_y, v_z）を４次元同次座標の形式で表す
と、（$1, v_x, v_y, v_z$）となる。同次座標は、任意のスカラー$v_w(\neq 0)$を
乗じても影響を受けないから、３次元概念空間の要素は$v_w(1, v_x, v_y, v_z) = (v_w, v_w v_x, v_w v_y, v_w v_z) \equiv (v_w, v_X, v_Y, v_Z)$と記述できる。ここに
$v_X = v_w v_x, v_Y = v_w v_y, v_Z = v_w v_z$と置く。

　また４次元概念空間の要素である普遍概念は、この置換を利用すれば
（$0, v_X, v_Y, v_Z$）とも表せる。

　すなわち、３次元概念空間は（v_w, v_X, v_Y, v_Z）（$v_w \neq 0$）により、また
４次元概念空間は（$0, v_X, v_Y, v_Z$）により表されることになる。

　ところで4.1節における同次座標の定義によれば、これら二つの空間
は、単一な同次座標により（v_w, v_X, v_Y, v_Z）としてまとめて記述できる。

　ここに人の知的思考空間を単一な４次元同次座標（v_w, v_X, v_Y, v_Z）に
より表現することができたのである。

　ここで分かったことは、これまで追求してきた**人の知的思考空間と**

は、数学上の４次元同次空間であるということである。

　人の知的思考空間すなわち４次元知的思考空間における、４次元概念空間と３次元概念空間はそれぞれ、数学上の４次元同次空間における４次元空間部分と３次元ユークリッド空間に対応する。従って４次元概念空間の要素である普遍概念と３次元概念空間の要素（抽象概念、個物）は、それぞれ数学上の無限遠点と３次元ユークリッド点に対応するのである（図8-1）。

8.2　提起した問題に対する筆者の見解

　以下は本書における重要事項であるので、これまでの記述をまとめる意味で重複をおそれず述べたい。

　まず図形処理の場合を考えてみる（図8-1の左図参照）。

　３次元ユークリッド空間において、ある点のベクトル $\boldsymbol{p}_0$ を初期ベクトルとして、常にある一定の方向に次のベクトル演算

$$\boldsymbol{p}_i + \delta\boldsymbol{p}_i = \boldsymbol{p}_{i+1}$$

を繰り返すと、その方向に徐々に向かうベクトル列 $\{\boldsymbol{p}_i\}$ が生成され、人はそれらを認識することができる。

　この手続きを無限回繰り返せば、$\boldsymbol{p}_i$ の方向 $[x_i\,y_i\,z_i]$ に向かう、大きさ無限大のベクトルに収束することが想定される。しかし、人の試行による限り無限回の操作は不可能であり、収束ベクトルの生成には至らず、したがって収束値としてのベクトルを人は認識することができない。

　ところで射影幾何学の知識によれば、方向 $[x_i\,y_i\,z_i]$ の、大きさ無限大のベクトルの表す点は無限遠点（a point at infinity）と呼ばれ、４次元の点として４次元同次座標 $(0, x_i, y_i, z_i)$ によって、記述されることが知れる。

　ここに射影幾何学の知識に基づき、ベクトル $[x_i\,y_i\,z_i]$ 方向の無限遠点の、４次元における数学的存在を最終的に認識できたのである。

　次に知的思考の場合を考える（図8-1の右図参照）。

　３次元概念空間において、ある価値ベクトル $\boldsymbol{v}_0$ を初期ベクトルとし

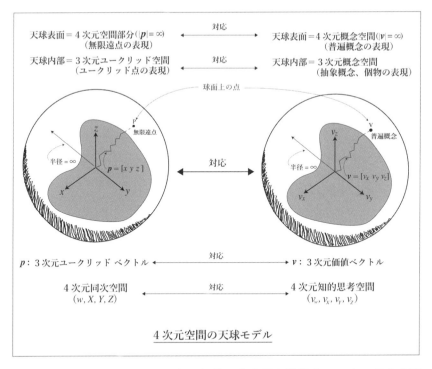

図8-1　天球モデルによる、４次元知的思考空間と数学上の４次元同次空間
　　　　の対応

て、常にある一定の方向に、抽象の手続きによるベクトル演算、

$$\boldsymbol{v}_i + \delta\boldsymbol{v}_i = \boldsymbol{v}_{i+1}$$

　を繰り返すと、その方向に徐々に向かうベクトル列 $\{\boldsymbol{v}_i\}$ が生成さ
れ、人はそれらを認識することができる。

　この手続きを無限回繰り返せば、$\boldsymbol{v}_i$ の方向 $[v_x\, v_y\, v_z]$ に向かう、大
きさ無限大のベクトルに収束することが想定される。しかし、人の試行
による限り無限回の操作は不可能であり、収束ベクトルの生成には至ら
ず、したがって収束値としてのベクトルを人は認識することができな
い。

　ところで上述のように射影幾何学の示すところにより、方向 $[v_x\, v_y\, v_z]$

の、大きさ無限大のベクトルの表す点は、4次元の点として4次元同次座標 $(0, v_x, v_y, v_z)$ により記述されることが分かっている。

　まさにこの4次元の点が、絶対的意味を有する本書定義の普遍概念である。この事実は本書定義の普遍概念が確かな数学的存在であることを示す。

　ところで中世における普遍論争において実在性を疑われた普遍概念とは7.4節で論じたように、この意味の普遍概念すなわち絶対的普遍概念であったと考えられる。

　以上の数学的論証により、絶対的普遍概念の存在が示されたことは、中世の普遍論争における実在論が正しいことを表す。

　これが、序章において提起した問題に対する筆者自身の見解である。

　ところで4次元同次図形処理は、まさに実在論そのものに基づき、絶対的普遍概念に対応する無限遠点を"陽な形"で扱う処理とすることによって、3次元ユークリッド処理に対する、大いなる優越性を示したのである（4次元知的思考空間における普遍概念は、4次元同次空間における無限遠点に対応することに注意したい〈図8-1〉)。

　この事実は、普遍論争における実在論の正しさを雄弁に示している。

第9章　抽象概念の発見と総合

9.1　抽象概念の発見と総合

　芸術でも科学でも哲学でも人の知的思考とは、まず目標とする最終的な抽象概念を発見するという点で共通している。新しい抽象概念は、抽象の手続きによってしか生じない。すなわち抽象とは、人の知的思考の中核をなす手続き要素である。抽象の能力は人の知力の本質であり、その指標とも言える。

　人の知的思考とは、3次元概念空間における抽象概念の探索である。

　抽象概念の探索は次のように行われると考えられる。

　人はある目標を持ち、その知的思考のための抽象概念の集合（抽象対

象集合）を用意し、それに対し抽象の手続きを適用し、結果としてある抽象概念を得る。その結果が目標に合致するものであれば、抽象の空間における探索はそこで終了するが、十分に満足すべき結果が得られない場合は、以後の探索の方向を決定するという探索の制御が問題となる。これは３次元概念空間を人の頭の中で俯瞰することにより、より目標に沿うと思われる抽象概念を従来の抽象対象集合に追加し、不必要な抽象概念を削除することにより行われる。そして更新された抽象対象集合に対し、抽象の手続きを行うというプロセスを繰り返す（４次元知的思考の、より詳細な検討はパート３で扱う）。

図9-1　メイズ・ガーデンを俯瞰する鷲 ―― 知的思考の特徴

　この知的思考において注目すべきは、抽象の手続きそのもの、および探索の制御において大局的な判断が必要とされることである。前者においては、"抽象対象集合"の全体を大局的に把握し判断することが大切であり、後者においては、自分の知り得る３次元概念空間における広範な知識により、大局的な判断が必要とされていることである。メイズ・ガーデンを高みから俯瞰する鷲の図は、この大局的な思考・判断を象徴的に表していると思える（図9-1）。

　十分に満足できる抽象概念を見つけることを本書では"抽象概念の発見"と呼ぶ。

　以上述べた探索のプロセスは、天球モデルでは天球内部に記録される（図9-2）。

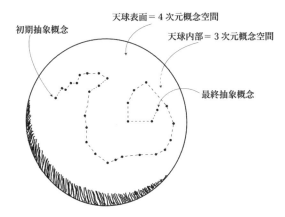

初期抽象概念

天球表面＝4次元概念空間

天球内部＝3次元概念空間

最終抽象概念

**図9-2　天球内部に記録された抽象概念探索プロ
セス**

　抽象の手続きの繰り返しによる抽象概念の発見の結果、それまでに関
わった膨大な数の個物、抽象概念は形式上、単一の抽象概念にまとめあ
げられたのである（例えば図7-1）。

　ところで、本書では図形処理における4次元同次処理を考え方の基準
としてきた。本章が扱っている人の知的思考についても同様な比較考察
をしてみよう。

　4次元同次処理では、演算を繰り返し最終的に同次座標により表され
た結果に到達する。この同次座標 (w, X, Y, Z) は4次元形式であって、
このままでは人にとって理解困難である。そこで同次座標をスケール w
により割り算して、人の理解容易なユークリッド座標 (x, y, z) に変換
したのであった。すなわち、

$$(1, X/w, Y/w, Z/w) \equiv (1, x, y, z)$$

　一方、人の知的思考の場合は、抽象の手続きを繰り返し最終的に目標
とする抽象概念の発見に到達する。しかし抽象概念は3次元概念空間の
要素であって、そのままでは人が容易に理解し、活用するためには困難
な形式である。そこで4次元同次処理における"スケール w による割

り算"に相当する作業、すなわち具象化を行って、人の理解できる"現実世界"の表現とする、すなわち現実的に意味のある結果にまとめる必要がある。この作業を本書では"抽象概念の総合"という。

この場合、発見された抽象概念を適切に表現する、ある現実的に意味のある結果にまとめあげるためには、建築家が複雑な構造体を設計するような大掛かりな作業を必要とすることもある。

人の知的思考における高度な抽象概念の総合は、4次元同次処理で行

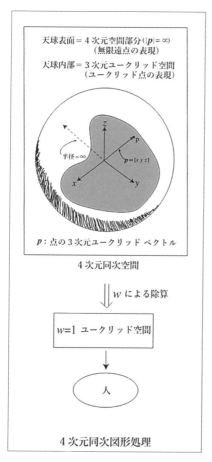

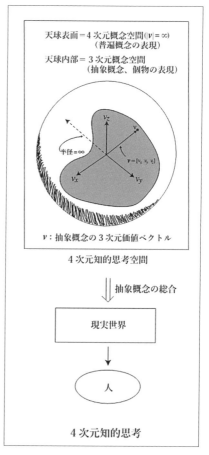

図9-3　4次元同次図形処理と4次元知的思考

う、"スケール w による割り算"のように簡単ではないのである。

　以上の関係を図9-3に示す。

9.2　芸術論試論
　一つの個人的体験を通しての、筆者の芸術論試論を述べてみたい。

9.2.1　イデアの世界の美
　イデアの世界にこそ真の美が存在するのだとプラトンは言う。

　人は3次元ユークリッド空間を越え、4次元空間部分に入り込んで、直接的に見たり、触ったりして確認することはできない。それと同じように、人がイデアの世界に入って直接的に真の美を知ることはできない。

　いったいプラトンの言う真の美とはどのようなものなのか？

　筆者の一つの個人的な体験をここに紹介してみたい。

　あるきっかけからユーチューブで偶然聞いた、エリーナ・ガランチャというメゾ・ソプラノ歌手が歌うマスカーニのアヴェ・マリアのすばらしさに圧倒されてしまった。表現力と歌唱力がよいと思った。説得力がある。何度聞いても感じ入ってしまうのだ。ネットで調べてみるとラトビア出身の若手歌手で今世界的に注目されているということがわかった。なんとか一度、彼女の生の歌を聞いてみたくなり、その思いが高じてニューヨークのメトロポリタン歌劇場での、ガランチャ主演の『カルメン』観劇となった。

　以下には、当日観た『カルメン』の一つの場面に限定して、感じ、思い、考えたことを記してみる。

▫『カルメン』の一場面
　4幕ものオペラ『カルメン』の第2幕の終わり近くに、ここで取り上げるシーンが出てくる。これはオペラ解説書では、二重唱：「つたない踊りをお目にかけます」（カルメン、ホセ）として言及される箇所だ（有名な花の歌：「おまえの投げたこの花を」〈ホセ〉の直前に演じられ

る場面である）。

　ホセは2カ月ぶりで拘留から解放され、カルメンの前に戻ってくる。自分はこの間、ずっとあなたを思い続けていた、と彼の思いの丈をカルメンに告げる。それに応えカルメンは、「つたない踊りをお目にかけましょう。ご覧あそばせ。踊りも伴奏もひとりでします、そこへ座っていてちょうだい、ドンホセ。さあ始めるわ！」と。

　それまで、オーケストラは静かにしていたが、打楽器奏者がカスタネットでおもむろに、"タッタッタッタッ……"とリズムを刻み始める。それに合わせてガランチャのカルメンは、ホセの腰掛けている周りを身振り手振りよろしく、透き通るようなショールを舞わせながら踊り回る。ガランチャが「ラーアーラララ、ラーアーラ、ラーアーラララ、ラーアーラ、……」と美声をとどろかせて、空中を舞うがごとく滑らかに動くその動きがこよなく美しい。動く衣装と、ひらひらするショールの色彩が美しく映えて見える。会場はシーンと静まり返ったままである。ただ聞こえるのはガランチャ扮するカルメンの歌声と、冴え渡った響きの、絶妙なテンポのカスタネットの音。一場の夢幻的な情景がそこに現出していた。

　自分は没入していた。現実を超えた世界にいるような感覚を覚えた。
　このシーンが終わっても、もっと続いていてくれたら、という思いだ。この場面をしっかりと自分の記憶に留めておきたいと思った。
　そこには、表現力豊かに歌うガランチャの類い稀な歌唱と、絶妙に刻むひときわ甲高いカスタネットの音の世界と、美しい軌跡を描いて滑らかに舞う舞踏の世界が現れていた。ガランチャという歌手は類い稀な歌手であるとともに抜群に優れた踊り手でもあったのである。ガランチャはまるで天から降りてきた音楽の才能そのものであるように思えた。Amazon に載っているガランチャの CD のレビュー中に、「この人には正確に歌うという確信度が DNA レベルで埋め込まれていると思わせる瞬間がいくつかあります」と書かれていたが、筆者もまったく同感であ

る。

　同じメトロポリタン歌劇場で、その5年前の2010年1月に上演された、同じガランチャのカルメンとアラーニャのホセによる『カルメン』のDVDは大きな反響を呼んだ。今回も前回と同様、演出はリチャード・エアであったが、いま取り上げているシーンの今回の演出は前回とはかなり変わっている。2010年のものでは、カルメンの踊りの場所はホセのすぐ近くに限られて簡単なものであったが、今回（2015年）では舞台を広く使ってガランチャのダンスの美しさを十分に見せられるように配慮されているのだ。

　この結果、「つたない踊りをお目にかけます」が、このあとに続く、ホセによる花の歌「おまえの投げたこの花を」と、両者バランスするほどの見ごたえのものとなり、第2幕をより充実したものとしている。これを可能としたのは、ガランチャの優れた歌唱とダンスの才能だ。

　帰りの飛行機のなかでこの場面を思い出していると、自分はいつか同じような夢幻的な境地にいる感覚を経験したことがあると思った。しばらくしてそれが谷崎潤一郎の小説『少将滋幹の母』のいちばん最後の情景であることが思い出されてきた。

　それは平安朝という夢の世界の一場の夢幻的情景である。

　　　四十何歳かになった少将滋幹は、春も三月弥生半ばのうららかな日に、一泊した比叡山の僧房を出て、京に帰る途中、ふと思い立って、自分の母が尼になって庵を結んでいるという西坂本の方に下りて行った。その母とは幼児の時に、故あって別れたきりになっている。その母がいるという里に近づいた頃には、もう夕暮になっていた。空は花ぐもりにぼんやりと曇って、うっすらと霞んだ月が、桜の花を透かして照っているので、夕桜のほのかに匂う谷のあたりは、幻じみた光線の中にあった。そしてそこいらの風景は、すべて幻燈の絵のようにぼっとした感じになって、何か現実ばなれのし

た、蜃気楼のように、ほんの一時的に空中に現われた世界のように
見え、目ばたきしたら、消えてしまいそうな気さえしてきた。とこ
ろがこの不思議な、特殊な明るさの中で、何か白いふわふわしたも
のが、桜の木の下でゆらめいているようなのである。魔物じみた夕
桜の妖精でも現われたのかと、自分の視覚の世界を否定したいよう
な気持ちにもなったが、よくよく見れば、非常に小柄な尼僧らし
い。年老いた尼僧がしばしば防寒用に用いる白い絹の帽子を、頭か
らすっぽりかぶっているので、風にゆらめいているのだということ
がわかったのである。尼僧ならば幼児の時に別れたきりの母に違い
ない。夢ではないのか。その尼僧は花に見とれ、月に見とれていた
らしい。間もなく彼女はそこから下りて、清水のほとりに来て身を
かがめ、山吹の枝を折った。滋幹はいつの間にかそこに近づいてい
た。そこから崖の上には細い坂があって、その奥には庵室が建って
いるらしい。滋幹は近づいて、「ひょっとしたらあなた様は、故中
納言殿の母君ではいらっしゃいませんか」と吃りながら尋ねる。尼
僧は、急に人が現われたのに驚いた様子であったが、「世にある時
は仰っしゃる通りの者でございましたが……あなた様は」とき返
す。

そしてこの物語は、次のような場面で終わる。

　「お母さま」
　と、滋幹はもう一度云った。彼は地上に跪いて、下から母を見上
げ、彼女の膝に靠れかゝるやうな姿勢を取った。白い帽子の奥にあ
る母の顔は、花を透かして来る月あかりに暈かされて、可愛く、小
さく、圜光を背負ってゐるやうに見えた。四十年前の春の日に、几
帳のかげで抱かれた時の記憶が、今歴々と蘇生って来、一瞬にして
彼は自分が六、七歳の幼童になった気がした。彼は夢中で母の手に
ある山吹の枝を払い除けながら、もっともっと自分の顔を母の顔に
近寄せた。そして、その墨染の袖に沁みてゐる香の匂いに、遠い昔

の移り香を再び想ひ起しながら、まるで甘えてゐるやうに、母の袂で涙をあまたゝび押し拭った。[[1] 69-71ページ]

まさに一場の夢幻劇ではないか。

ところで、谷崎はプラトンを読んで、「これだ。自分が憧れていたのはこの本の思想だ」と思いこむが（1.2節参照）、彼は何を感じ、何を小説の世界で表現しようとしたのであろうか。谷崎がどのように考えたか、本当のことは分からないが、彼の作品を読むと彼の追求した方向性の一端が分かるような気がしてくる。彼は、プラトンの言う"イデアの世界の美"を探索し、模索し続けたのではないだろうか。

筆者は、上に掲げた文章において、夢幻的情景の美というイデアを感ずるのである。

『少将滋幹の母』には人の心を夢幻の境地に没入させる、美があり、感動がある。このような美は、容易な手段では表現できないものだ。

この美しさは、単なる官能的なものとは一線を画する「深い精神性」を伴ったものだ。さらに『少将滋幹の母』には、その美しさを効果的に発揮し、人をしっかりと感動の世界に誘い込むために求められる、論理的で、緻密で、堅固な全体構成がある。だからこそ『少将滋幹の母』は優れた芸術作品と言えるのだろう。

▫ シゲティ演奏のヘンデル　ヴァイオリンソナタ４番

もう一つの例として、文芸批評家の新保祐司氏（元都留文科大学教授）の絶賛する、ヨーゼフ・シゲティの弾くヘンデルのヴァイオリンソナタニ長調（HWV371、通称４番）が思い当たる。このヘンデルの４番とシゲティの組み合わせは、レコードの名評論で有名な野村胡堂こと、"あらえびす"が、ヘンデルのソナタ全６曲中の絶品として選んでいるものでもある。自分はシゲティの10枚組のCD全集を持っているが、ヘンデルのものはこの４番一曲だけが含められているほどのシゲティの思い入れの曲であるらしい。

以下に、シゲティのヘンデル４番演奏についての新保氏の解説[2]を

97

示す。

　　第1楽章アダージョの出だしからして、もう心とらわれる。何という、気高さであろう、深い精神のあらわれであろう。
　　それでいて、清冽な悲しみが流れている。何か上方への切々たる訴え、祈りも折々、あらわれる。それに、深々とした諦念もしみこんでいる。
　　第2楽章アレグロの、淀みない快活さ、ギリシャ的な明るさ、健康な精神。
　　第3楽章ラルゲットの格調の高い、誇りに満ちた感情の悲しいまでの美しさ。
　　昔、歌舞伎の好きな知人と話しているとき、その人は、歌舞伎の中で、最も美しいと思い、好きなのは、手負いの武者だといった。この第3楽章のラルゲットの美しさは、手負いの武者のようである。堂々とした鎧を着た武者ではない。戦さで奮闘し、手負いを負った武者である。そういう手負いの武者の悲痛さが、この楽章の音楽には感じられるのである。
　　第4楽章アレグロの、行進曲のような堂々とした歩み、着実な足どり。
　　このソナタニ長調には、まさに"精神の貴族主義"が鳴っているといっていいであろう。

　ここに、新保氏は"精神の貴族主義"という表現を使っている。これは精神性が問題となる分野、例えば芸術分野では、人の心の奥深くに訴え、感動を与えるものの存在が重要であって、それは多くの人にとっては容易には理解できず、支持され難いものである。しかし真の芸術の表現者は、多くの人の支持を得ようとして安易に妥協してはならない。誇り高く自信を持って自分の信ずるものを表現しようとすべきだ、という意味であると自分は理解する。政治の世界では、多くの人の支持を得ようとする民主主義をよしとするかもしれないが、芸術の世界では、それ

をしてはならないということであろう。さらに氏は、

> このような"精神の貴族主義"の曲を演奏するのに、シゲティほ
> どふさわしいヴァイオリニストはいない、

とする。

よい音楽には、単にきれいな音であるとか、巧みに演ずるとかという
以上に、例えば、格調の高さ、誇り、深い慈愛、哀愁、悲しみ、諦念と
かの精神性の表現が云々される。もし、人の心に強い感動を与えるよう
な、「深い精神性」を伴うとき、それは"現象界の世界"では得られに
くいもの、プラトンの説く"イデアの世界の美"といってもよいのでは
ないか。

ヘンデルのヴァイオリンソナタ第4番は、"精神の貴族主義"の曲で
あり、それを演奏するにふさわしいのは精神主義に徹する演奏家である
シゲティだ、と述べられている。新保氏は、まさに"イデアの世界の
美"をシゲティのヘンデル4番の演奏に見出しておられるのだと思う。

それでは芸術家はいかにして創造活動を行うのだろうか。

9.2.2　芸術における抽象概念の発見と総合

ここに、モーツァルトがその楽想をどこから得ているかと聞かれたと
きの返事がある。

> 自分がよい食事をして、暖かな日差しの下で草原などに横たわっ
> ていると音楽が聞こえてきます。それを覚えていて楽譜に記すだけ
> です。[[3] 143ページ]

モーツァルトの場合は、楽想をインスピレーションのように"啓示と
して受けとる"ように見える。または作曲家が主体的に楽想を"発見す
る"場合もあるだろう。

ところで上記作曲家の楽想発見の過程は、本書の考え方によれば、次のように説明できる。

　本書の考え方とは、どのような分野の創造であれ、あくまで"抽象の手続き"による、とするのである。

　モーツァルトは、"自分がよい食事をして、暖かな日差しの下で草原などに横たわっている"という場面に遭遇すると、彼の頭にはその場面場面に関連するさまざまなメロディーの記憶の断片がイメージとして湧き出し、思い浮かぶのだろう。これらは"抽象の手続き"において対象とする要素の"表象"の集合であろう。おそらくモーツァルトの場合は、これらの表象群から、サッと最も印象に残るものが組み合わされ、ただちに楽譜に基本的なメロディーのスケッチとして書きつけられ（抽象概念の発見）、推敲を経て最終の楽譜表現となるのであろう（抽象概念の総合）[脚注1]。

　モーツァルトの場合は特例であって、一般には何回かの抽象の手続きの繰り返しを経て最終的な抽象概念の発見に至り、さらにそれが総合されて人が容易に理解可能な完全な楽譜表現に変換される（図9-4）。

　モーツァルトは、楽想が獲得されれば、そのあとは普通の人が理解可能なように、ほとんど自動的に楽譜に書き表すだけで音楽が"できる"と述べているかのようである。この後半の作業が、同次処理ではいちばん最後の処理である"wにより割り算"してユークリッド空間の表現にすること、すなわち人の理解できる"現実世界"の表現に具象化することに相当する。

　幸田露伴は、

　　　芸術は"こしらえる"ものではない、"できる"ものだ[[4]54-55ページ]

と言っているが、これもモーツァルトの発言と通じるものがある。別な言い方をすれば、「芸術は"発見する"もの、または"啓示を受ける"

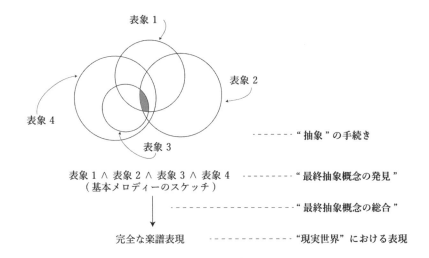

表象 1 ∧ 表象 2 ∧ 表象 3 ∧ 表象 4 ·········· "最終抽象概念の発見"
（基本メロディーのスケッチ）

注）"現実世界" とは、4 次元図形処理における w=1 の 3 次元ユークリッド空間に対応

図9-4　作曲家における抽象概念の発見と総合

ものであって、本質的な部分は "作る" ことにあるのではない」となる
のだろう。筆者はこの表現が創造の本質を表しているものと理解する
が、この場合注意が肝要である。

　規模の大きな音楽作品の場合、楽想を具体化し人の共感を得るために
は、複雑な構造体を作り上げるための技術が必要になるということだ。
楽想から人に説得的に感銘を与えるような構造体を構成するためには、
音楽家の論理的、理知的、技術的な能力が求められるはずである。最終
的に楽譜に現れる旋律がどんなに個性的なものであっても、構造体の基
本的な構成がガッチリしていなければ、変に崩れたものとなり人を大き
な感動に誘うには至らないであろう。芸術の創造は "発見する" だけで
済むのではなく、そのあとの膨大な、骨の折れる "作る" 作業を伴って
こそ完了する。この段階は、ちょうど壮大な建築物を設計する建築家の
場合と変わるところがないと思われる。この作る作業が、本書における
"抽象概念の総合" の技術である（図9-4）。

抽象概念の発見を生かすも殺すも、まさにこの総合の技術にかかっている。

［脚注１］モーツァルトは、死去する３年前の手紙[5]に注目すべきことを書き残している。

　　　　　ヨーロッパ中の宮廷を周遊していた小さな男の子だったころから、特別な才能の持ち主だと、同じことを言われ続けています。目隠しをされて演奏させられたこともありますし、ありとあらゆる試験をやらされました。こうしたことは、長い時間かけて練習すれば、簡単にできるようになります。
　　　　　僕が幸運に恵まれていることは認めますが、作曲はまるっきり別の問題です。長年にわたって、僕ほど作曲に長い時間と膨大な思考を注いできた人はほかには一人もいません。有名な巨匠の作品はすべて念入りに研究しました。作曲家であるということは精力的な思考と何時間にも及ぶ努力を意味するのです。

　　　　上述の文章の中に、天才作曲家モーツァルトの秘密が述べられているように筆者には思われる。

◆ 参考文献
［１］渡部昇一『発想法』講談社現代新書、1981。
［２］新保祐司「音楽の詩学」『Mostly Classic』連載17、10月号、2009。
［３］渡部昇一『ローマ人の知恵』集英社インターナショナル、2003。
［４］渡部昇一『日本語のこころ』WAC、2003。
［５］ドノヴァン・ビクスレー（清水玲奈訳）『素顔のモーツァルト』グラフィック社、2005。

パート3　抽象の手続きと人の知的思考

　本書で提起した普遍概念は4次元の存在であることが数学的に示された（7.2節を参照）。それは価値ベクトルで表される抽象概念の究極的な極限として、無限大の大きさの価値を持つ、絶対的な普遍性を持つ概念である。

　以下本書では真理なる語を、正しい方向の普遍概念、すなわち絶対的価値を持つ至高の普遍概念という意味として用いる。

　このような事柄は本書により、考察の世界を4次元に拡大して初めて得られる知見である。

　以後本書ではこの4次元理論に基づき、パート3において抽象の手続きと人の知的思考の問題を、またパート4では抽象の手続きの、人の抱く世界観への展開を考える。

第10章　藤井聡太さんに見る4次元的知的思考

　4次元知的思考を考えるにあたって本章では、具体例として将棋の藤井聡太さんを取り上げることから始めたい。

　今をときめく藤井聡太さんは、14歳2カ月の史上最年少で四段昇段（プロ入り）を果たすと、そのまま無敗で公式戦最多連勝記録（29連勝）を樹立した。その後、最年少一般棋戦優勝・タイトル獲得、史上初の10代九段・二冠・三冠・四冠・五冠・六冠・七冠、そして遂に史上初の全タイトル八冠を獲得、さらにその直後の竜王戦では4連勝で防衛に成功した（令和5年11月11日、21歳3カ月時点）。

　ますます充実した強さを示している。

　誠に驚くべき将棋の天才が現れたものである。彼の強さの秘密はどこ

にあるのか。

　それは一にかかって彼の頭脳が行う"抽象"の手続きにあるはずである。

□ 将棋への思い

　藤井さんは、

「小さい頃から将棋で勝つことが嬉しく、ずっと好きで自然にやってきた感じがする」

「将棋を指したくないとか、駒に触れたくないとか思ったことは一度もない」

　とのこと。

「将棋に巡り会えたのは運命だったと思う」

「強くなることが自分の使命のように思えている」

　とも言う。

　とにかく藤井さんは将棋が面白くてたまらないほど好きなのである。

□「将棋の真理の追求」という透徹した目標と確固とした信念

　彼は、

「絶対的に強い棋士になること」

　という透徹した目標を持ち、そのためには将棋の真理を追求するためのあらゆる努力をしたいという確固とした信念を持っているように見受けられる。

「年少記録などよりも、どこまで強くなれるかということが自分にとって一番大事なこと」

「強くなって"新しい景色"を見たい」

「勝つためには最善に近づくための努力の積み重ねしかない」

　と彼は言う。

　彼は自分の目標を明確に見定め、一歩一歩努力し、われわれはその努力の結果を戦績として、驚きをもって確認している。

◻ **雑念、俗念に対して**

　したがって、通常、人が陥るいわゆる雑念、俗念に煩わされることがあまりないようだ。

　強い相手と対戦する場合でも、普通だったら、

「大変なことになったな」

　と思うはずだが、彼は、

「大きなチャンスだ」

　と思う。相手が強ければ強いほど将棋の真理追求のための勉強になり、役立つのだから純粋に嬉しいのである。強敵対戦を明日に控える夜でも、

「１日７時間は眠れる」

　と言う。

　彼は相手によって作戦を変えることはなく、相手の得意戦法を外すこともしないと言われる。対戦相手と戦っているのではなく、将棋盤と対峙しているのである[1]。

　対局中、ほとんど相手を見ない。相手が羽生九段であれ、誰であれ関係ないように見える。

　藤井さんの師匠である杉本昌隆八段は、

「欲がなく、タイトル、年少記録、獲得賞金などなど、形あるものに拘らない。それよりも納得できる将棋を指し、強くなりたいと思っている」と言う。

◻ **強さの秘密**

　藤井さんの強さの秘密に関し谷川浩司九段[1]は、

「最善手を求める探求心と集中力、詰将棋で培った終盤力とひらめき、局面の急所を捉える力、何事にも動じない平常心と勝負術など」

　を挙げておられる。

◻ **４次元的に見るならば**

　本書において筆者が最も言わんとすることは、真理という普遍概念は

４次元の存在であって、絶対的価値を持つ至高の概念であるということである。

　４次元知的思考の過程においては、絶対的価値を持つ真理を目標とし、それを何も手がかりのない広大な海における羅針盤のようにみなし、探索という航海を繰り返し、最終到達点を"発見する"ことになる。

　藤井聡太さんは絶対的に将棋が強くなるために、将棋の真理を"発見する"という透徹した考え方のもとに、何よりもそれを優先するという方向で、確固とした信念のもとに努力を繰り返している。

　藤井さんの"強さの秘密"に関して谷川九段のご意見に、筆者の立場からは、

　　　「藤井さんのアプローチは優れて４次元的である」

ことも付け加えさせていただきたい。

◆ 参考文献
［１］谷川浩司『藤井聡太論』講談社＋α新書、2021。

第11章　４次元知的思考の意義

11.1　４次元同次図形処理からの示唆
　第５章において、４次元同次図形処理が従来の３次元ユークリッド図形処理に比べいかに優れているかを詳細に検討した。

　両者には、前者の処理空間が無限遠点の集合の空間（＝４次元空間部分）だけ余分に持つという、ほんの僅かな相違しかない。しかしこの相違が、４次元同次処理の全体に、ほぼ完璧と言えるほどの優れた特性をもたらしていることをわれわれは知ったのである。

　6.5節は、人の知的思考に対する本書独特の価値理論の導入を論じて

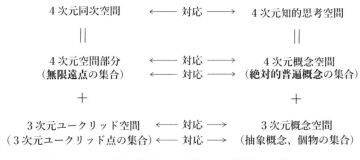

図11-1　4次元知的思考空間と4次元同次空間の対応

いる。これによって、知的思考の哲学を数学的に考察することが可能となったのである。

　その結果、第7、8章に示すように、あるべき望ましい知的思考空間とは数学的には、4次元同次空間であることが判明した。これは4次元同次図形処理と同じ数学上の空間である（図11-1）。

　図11-1から知れるように、4次元知的思考空間における**絶対的普遍概念**には、4次元同次空間において、**無限遠点**が対応する。

　ところで現代哲学が定義している普遍概念は、相対的概念なのである。ここに現代哲学の問題点が存在すると筆者は指摘する。また中世から普遍論争として論じられ、未解決のまま現代に至っているとされる問題の未解決の要因もここに存在するのである。

　すなわち現代哲学は、絶対的普遍概念の定義を持たないので、例えば幾何学の体系の基盤をなす、大きさのない"点"という絶対的普遍概念に対応できないという重大な問題を抱えている。

　本書は、現代哲学の問題点を指摘すると同時にその自然な解消としての4次元化を提起しているのである。

　以下の記述においては、図11-2を参照されたい。

　従来の図形処理は3次元ユークリッド空間に基づく3次元処理であり、これには多くの解決困難な問題が存在した（5.2節参照）。

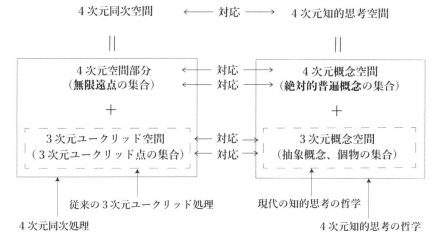

図11-2　4次元化された、図形処理と哲学の空間構造

　4次元同次図形処理は、3次元ユークリッド空間に対し、全方向の無限遠点の空間（＝4次元空間部分）を加えることによって、従来の処理に存在したほとんど全ての問題を解消したのである。これは誠に驚くべきことであった。

　ところで前述のように知的思考の哲学を数学的に論ずることが可能となり、その結果、あるべき知的思考の空間は、数学上の4次元同次空間であることが判明する。

　ところが現代哲学における知的思考の空間は、まさに多くの問題を内包した、従来の図形処理の空間、すなわち3次元ユークリッド空間に相当する空間なのである。

　筆者は現代哲学の問題点を指摘したが、これは当然予測されることであった。

　この問題を解決するためには、4次元同次図形処理からの示唆により、無限遠点に対応する数学的存在である絶対的普遍概念を表現する空間（＝4次元概念空間）の追加が必須となる。

　従来の3次元概念空間に加えて**絶対的普遍概念**の集合である4次元概念空間を明示的に持つ筆者提案の4次元哲学は、図形処理の場合との比

較から類推できるように、知的思考の哲学としての学問体系の全体に根本的改善の可能性を期待させる。

11.2　4次元知的思考の意義

ここで改めて、4次元知的思考の意義を考える。

パート2から分かるように価値理論に基づく4次元理論は、人の認識活動空間が、具象の空間（3次元概念空間）、抽象の空間（3次元概念空間）のみならず、4次元である普遍の空間（4次元概念空間）にも及ぶことを示した。

すなわち人の持つ最高度の**思惟**による認識能力は、絶対的普遍概念を認識可能とするのである（図7-2）。

一例として数学上の、大きさのない"点"という4次元の絶対的普遍概念を前提として、幾何学は構成され、その幾何学を利用して工学も成り立ち、われわれは現実に自動車などの恩恵に浴しているのである。

前節でも述べたように4次元理論は、人の知的思考空間が数学上の4次元同次空間の空間構造に対応することを明らかにしている。この対応関係は一対の天球モデル図によっても表すことができる（図11-3）。

天球モデルは半径無限大であることを念頭に同図を見ていただきたい。

天球内部に関して、右図は抽象概念と個物（特例抽象概念）の概念を3次元価値ベクトルとして表す3次元概念空間を、また左図は点を3次元ベクトルとして表す3次元ユークリッド空間を、それぞれ示している。

天球表面に関しては、右図は普遍概念を価値無限大の価値ベクトルとして表す4次元概念空間（普遍の空間）を、また左図は無限遠点を無限大の大きさのベクトルとして表す4次元空間部分を、それぞれ示す。

以上のような4次元的考察は、知的思考の原理である"抽象の手続き"の働く空間構造と数学との対応を明らかにすることによって、知的思考の哲学に数学の論理を導入して考察できる可能性を期待させる。

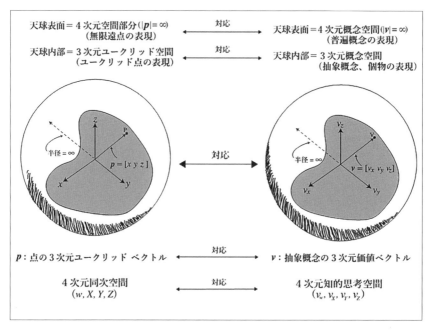

図11-3　４次元知的思考空間と４次元同次空間の天球モデル

第12章　４次元知的思考の原理

12.1　現代の知的思考のあり方に対する疑問

　人の知的思考の数学的空間構造が明確になり、考え易くなったことにより、現代における知的思考の問題点が明らかになってきたように思える。

　ローマの時代には、"自然に存在する"真理を"発見して"得られた自然法を基礎とし、法は倫理化し、世界化して万民法としての"万民"が納得するローマ法が作られた。これが国際法の萌芽とされる。

　しかし近代になるといつの間にか、法を"発見する"のではなく、"作る"ようになった。議会が決議すれば何でも法律になる。これは法（ロー）ではなく立法（レジスレーション）である。

　ヒトラーによって"ナチスだけ"が納得する立法が、また現在は習近平によって"中国共産党だけ"が納得する立法が濫用されているように見える。

　このような"発見する"から"作る"の変化の傾向は、いずれの分野においても大なり小なり近代になってから観察されるのではないだろうか。

　その根本的原因は何か。

　近代以後、人は真の目標を持つことに確固たる自信を持ち得ない状態にあるからではないだろうか。その根底には、中世から続いた普遍論争が現在に至るまで決着できていないことにも原因の一端があるのかもしれない。真理という普遍概念の存在そのものが疑われているのだから、それを目標にし得ず、"作る"ことにならざるを得ないのは当然である。

　ところで本書において、普遍論争における実在論の真実性、すなわち普遍概念（＝絶対的普遍概念）の存在が数学的に証明されたのである。

　普遍概念は、4次元概念空間（普遍の空間）に存在し、通常人が"作る"抽象概念に比べ、比較にならない大きさの価値を持つ至高の絶対的概念なのである。

　われわれは普遍概念の重要性を再認識する必要があるのではないだろうか。

　知的思考の方法を、"一部の人"しか納得し得ないものを"作る"方式から、"より多くの人"が納得できるより普遍的で、より高い価値のものを"発見する"方式に根本的に改めるべきではないだろうか。

　本書でこれから提起する4次元知的思考は、普遍概念の持つ至高の価値が最大限に活かされたものでなければならない。

　中世におけるいわゆる普遍論争は一見、実のある議論ではないように思えるが、以上のように考えてみると現代社会において解決すべき重要な問題の一つであると考えられるのである。

　上述した筆者の主張をまさに実現してわれわれに見せてくれているの

が、第10章で紹介した若き将棋の天才藤井聡太さんだと思うのである。

12.2　神により埋め込まれたこの世の真理

　筆者は、特定の宗教を信ずるものではない。しかし以下の事柄を論ずるに当たって、仮に創造主としての神を仮定すると、筆者は自分の考えを表現しやすくなり、また読者も筆者の考えを理解しやすくなるであろうという理由から、"創造主としての神"という意味の表現を用いることにする。

　ユダヤ教・キリスト教の聖典である旧約聖書『創世記』の冒頭には、以下のように天地の創造が描かれている。

- 1日目　神は天と地をつくられた（つまり、宇宙と地球を最初に創造した）。暗闇がある中、神は光をつくり、昼と夜ができた。
- 2日目　神は空（天）をつくられた。
- 3日目　神は大地をつくり、海が生まれ、地に植物をはえさせられた。
- 4日目　神は太陽と月と星をつくられた。
- 5日目　神は魚と鳥をつくられた。
- 6日目　神は獣と家畜をつくり、神に似せた人をつくられた。
- 7日目　神はお休みになった。

　上の創世記が示すように、創造主・神は、宇宙と地球、空、大地、海、動物、植物、……などの"天然自然"とともに、"人"をおつくりになった。

　人には男と女が存在し、結婚して夫婦という単位ができ、さらに子が作られ家族という、より大きな単位ができた。これは自然なことである。

　地球上には、各所で人の集合が出来上がり、社会がつくられる。それは国家という単位にまで拡大する。

　国家は国民を統治する必要が生ずるし、また外国との交渉も行わなければならないわけであるから、そこに政治が必要になるのも当然の成り行きである。

　夫婦ができ、家族ができ、社会ができ、国家ができて個々の人々の活動が自由に行われれば、時間の経過とともに、各国特有の文化が生まれ、各国特有の歴史がつくられるというのもごく自然なことである。

　創造主としての神は、天然自然に関して、無数の真理をお作りになり、容易には発見されないように奥深くに埋め込まれた。

　また同様に人に関しては、その身体と心について、天然自然と同様に真理をお作りになり、埋め込まれた。このおかげで、人は、ある"特有な性質"を持つ存在となった。その一例が"私有財産を持ちたい"という性質である。人は本来的にこの性質を持っているために、活動の意欲が刺激され、競争心を起こし、活動が活発化する。もちろんこの性質のために、他人の所有物を盗むという犯罪が生ずる。

　ところで、"人社会"における真理とはどんなものであろうか。

　これは簡単には分かり難いが、世の中には国や時代が変わっても誰もが疑いなく価値を置いている普遍的な概念があるということに注目したい。例えば、夫婦、親子、兄弟姉妹、家族、国家、人権、私有財産、プライヴァシー、自助精神、……などは普遍的な価値を持つ概念であると認められている。神が意志として、天地創造の際に人社会に対して織り込んだとも思われるくらいに自然な道理であると考えられる。

　第6章における本書の価値理論から判断すれば、上に例として挙げた諸概念は、人の長い歴史において、暗黙のうちに抽象の手続きが行われ、価値を与えられ評価し続けられているのであり、その価値ベクトルの集積は普遍概念に匹敵するほど大きいとも言えよう。すなわち歴史的に継続してきたものの価値の重みをズシリと感ずるのである。

　これら人社会における普遍的な価値概念とか道理は、天然自然に存在する"真理"に対応する、"人社会"に存在する一種の"真理"であると考えてよいのではなかろうか。

12.3　4次元知的思考の原理と方法論

　まず、知的思考の原理について考えてみたい。

　人の知的思考は、抽象の手続きの繰り返しにより行われる。この手続きは、発見や創造をもたらすという強力さを持つが、それに必然的に伴う“捨象”という作用が、人に好ましからざる弊害を及ぼす可能性がある点に注意する必要がある。

　抽象の手続きのもたらす強力さの典型例を自然科学上の成果に見ることができる。

　自然科学の場合、その目標は“天然自然”に存在する真理の発見であり、その発見に到達したことは、“捨象”も適切であったことを意味し、“捨象”に関し問題となることはない。

　ところが“人社会”を対象とする場合、“天然自然”の場合とは異なり、何が真理なのかが分かりにくい。自然科学における天然自然の真理に相当する“正しい目標”が定まらない状態で、個人が信じたある考え方に基づいて抽象の手続きを実行し、最終結果を“作り”上げた場合、思わぬ捨象のもたらす負の問題に遭遇することになりかねない。

　または、このように“正しい目標”が定まらない状態で抽象の手続きによる探索を続けると、探索のそれぞれの時点で、個人の考える目標をもとに個人の判断で探索の方向制御が行われる。しかしその方向を少しでも間違えると、価値ベクトルの減少にもつながり、<u>不安定な探索過程</u>となるおそれもある（図12-1(a)参照）。

　以上より、安定な探索のもとに、捨象のもたらす弊害を伴うことのない結果に到達するためには、いかに“正しい目標”を持つことが重要か、が分かるであろう。

　4次元理論によれば、目標を表す普遍概念は4次元の存在であるから、3次元的知的思考の場合、明確な形では正しい目標を扱い難いのである。したがって、3次元的知的思考は、不安定な探索過程を余儀なくされ、また捨象の問題から逃れることが困難となるのである。

　次に4次元知的思考について考えてみよう。

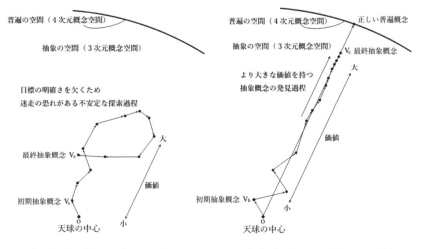

図12-1　天球モデルによる３次元的知的思考と４次元知的思考の対比

　４次元に思考範囲を拡大して考えるためには、その天球モデルを頭に思い浮かべてみればよいであろう。

　知的思考において一番大切なことは、"正しい目標"すなわち、正しい普遍概念（＝真理）を"発見する"ことである。

　そのための条件として筆者は、前節で述べたように国や時代が変わっても誰もが疑いなく価値を置いている普遍的な概念に注目する。

　これらは神が天地創造の際に意志として、"人社会"に織り込んだとも思えるほど普遍的な道理であり、価値である。筆者は、"人社会"における真理とはこれらの条件を満たす概念であると考える。

　４次元知的思考の第一段階は、正しい普遍概念を"発見する"ことが目標である。

　４次元理論においては、ある概念の方向は、天球モデルにおける天球表面上の点、すなわち普遍概念により示されるので、"正しい目標"を見つけるとは、正しい方向を表す普遍概念の"発見"を意味する。いったん正しい普遍概念の"発見"がなされれば、その方向に沿って、より

高い価値を持つ抽象概念の"発見"は比較的楽に行えるはずである。

　普遍概念の発見とは、未踏峰登頂に例えれば、正しい登頂ルートの"発見"に相当する。

　正しい登頂ルートが"発見"されれば、そこを登り、より高い地点に至り、"新しい景色"（より高い価値）を"発見"する。登り続ければさらに別のより高い地点に至り、前とは違う"新しい景色"、すなわち一層高い価値が"発見"され、努力が報われる。すなわちこの行為を単純に進めれば登頂の成功が期待できるのである（図12-1(b)参照）。

　ここに述べた4次元知的思考のプロセスは、大きく二つの段階に分かれ、安定で、かつ得られる結果は"捨象"がもたらすマイナスの影響にも煩わされない、満足なものとなることが期待できる。

　3次元的知的思考のプロセスが"作る"という行為を原理とするのに対し、4次元知的思考のプロセスの原理は"発見する"である。いったん正しい普遍概念が"発見"されればその後は、あたかも好ましい答えが用意されていて、よりよいものを"発見する"が如く行われる。

　知的思考の方法を、"作る"方式から、正しい普遍概念の方向に沿う、より価値の高い抽象概念を"発見する"方式に根本的に改めるべきではないだろうか。

第13章　4次元知的思考の方法

　4次元知的思考は二つの段階を経て行われるが、特に第一段階は重要度が高い。

13.1　普遍概念の発見

　われわれが最初に目指すべきことは、"捨象"の問題に煩わされない正しい方向の普遍概念、すなわち真理の発見である。

　ところで人社会における真理は、天然自然の真理に比べ分かりにくい。

　筆者は、12.2節において述べたように、国や時代が変わっても誰もが疑いなく価値を置く普遍的価値概念や自然法における基本的道理を重視し、人社会における真理とはこれらの条件を満たす概念であるべきとする。

　すなわち人社会の問題においては、これらの道理や普遍的な価値概念、またはそれらに沿う真理を追求することが目標となる（図13-1）。

　真理追求に基づく最終結果はより多くの人々が納得できるものとなることが期待できる。

　ところで、上に述べた目標としての普遍概念発見の考え方は、芸術分野においてはこの分野特有の条件を必要とするであろう。

　9.2節で紹介したように新保氏は、芸術の特殊性を"精神の貴族主義"

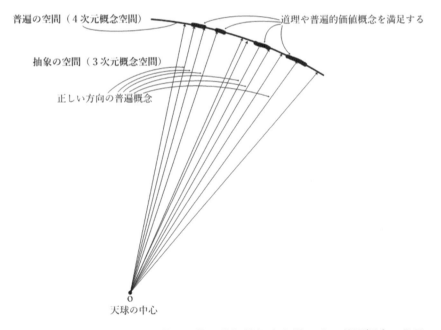

図13-1　人社会においては道理や普遍的価値概念を満足する普遍概念の発見が重要

という表現を使って述べておられる。この表現を筆者は次のように解釈する。すなわち、

　　芸術分野では、人の心の奥深くに訴え、精神的感動を与えるものの存在が重要であって、それは多くの人にとっては容易には理解できず、支持され難いものであろう。しかし真の芸術の表現者は、多くの人の支持を得ようとして安易に妥協してはならない。誇り高く自信を持って自分の信ずるものを表現しようとすべきだ、

と解釈する。

　すなわち芸術家は、安易な感覚的手段によるのではなく、深い精神性により人を共感に導くための、芸術家独自の主張する方向（普遍概念）

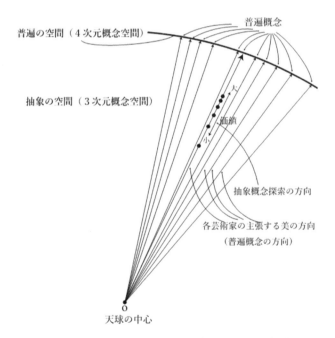

図13-2　芸術においては芸術家独自の美の普遍概念の発見がきわめて大切である

を"発見"し、その方向でのより高度な（価値ベクトルの大きな）美の"発見"に努めるべきなのであろう。

このように発見された"美"は、時の経過とともに結局は多くの賛同者を生み出すこととなろう（図13-2）。

芸術家は独自の信ずる方向の美という普遍概念を、より深く追求し、その発見に努める存在なのである。

すなわち芸術分野における正しい方向の普遍概念とは、"芸術家独自の信ずる方向の美"となるであろう。

13.2　探索による最終抽象概念の発見

さて、4次元知的思考の指針としての、一つの正しい普遍概念が発見されたとする。

以後はこの普遍概念により設定された方向を羅針盤として、対象問題を解決に導く最終抽象概念を探索し、"発見する"ことになる（図13-3）。

その知的思考の過程は、図13-3に示すように、天球モデルにおける天球内部において最初は比較的変化があるが、徐々に普遍概念が決定する直線に安定的に近付く変化をするはずである。

そこで知的思考を行うためには、まずスタート・ポイントとなる初期抽象概念を生成し、その後、抽象の手続きを繰り返し、探索の方向制御を適切に行うことになる。

1．初期抽象概念の生成
（"関連する事柄の集合"の作成）

まず、第一段階で設定された正しい普遍概念の方向に沿う、あらゆる個物だけでなく、学問的成果から得られる関連する事柄を集める。

問題の目標を、文章により明確に記述してみる。目標に付随する条件も併せて記録する。

問題の目標に関連し、頭に浮かんださまざまな事柄を、自分の知って

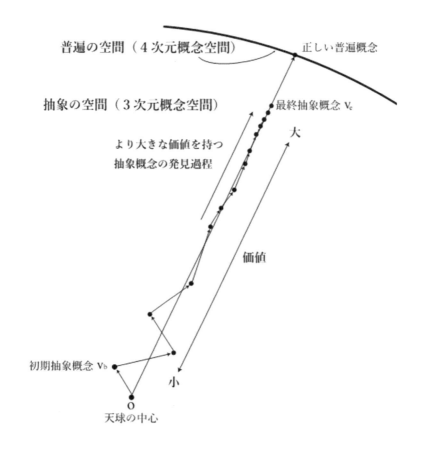

普遍の空間（４次元概念空間）　　　　正しい普遍概念

抽象の空間（３次元概念空間）

より大きな価値を持つ
抽象概念の発見過程

最終抽象概念 V_e

大

価値

初期抽象概念 V_b

小

O
天球の中心

正しい普遍概念に基づき、"発見する" を原理とする

図13-3　４次元知的思考の第二段階

いる範囲の知識を総動員して収集し、"関連する事柄の集合"を作る。最初はその内容をあまり気にすることなく関連するであろうと思われる事柄を、気軽に集めればよい。

"関連する事柄の集合"には、対象とする問題を大局的に観た場合の、一般的な、大まかなものが含まれてもよい。

ただし、以上のすべては、最初に設定された普遍概念の示す方向を強く意識して行う。

("関連する事柄の集合"の整理・分類)

"関連する事柄の集合"は、設定された普遍概念に沿って整理・分類する必要がある。整理・分類が適切になされていれば、集合を大局的観点から見通しやすくなり、対象問題そのものも明確になり、理解しやすくなる。

対象問題に直結する学問分野の成果を表す抽象概念は特に重要である。学問の成果は、何度も抽象を繰り返した結果であるからその価値を表す価値ベクトルは非常に大きく、利用価値が高い。

(初期抽象概念の生成)

"関連する事柄の集合"の要素を取り出し、設定された普遍概念の方向に対する適切さの評価を、利点・不利点の得点評価をつけることにより行う。不利点の大きな要素は取り除き、有望な要素からなる新たな集合を生成する。これを探索のスタート・ポイントとなる初期抽象概念とする。この場合の抽象概念とは、簡単な一語では表現できず、集合の形式で表される。

2. 抽象概念の探索

さて、初期抽象概念を、これからの探索作業の中心となる"抽象対象集合"と見立てて、抽象の手続きを実行するという探索作業を始め、それを繰り返すことにより、対象問題の目標を満たす、より高い価値を持つ最終抽象概念を"発見する"ことを期待する（図13-4）。

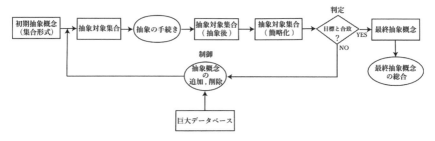

図13-4　より高い価値を有する抽象概念発見のプロセス

　この探索において、繰り返される　"抽象"　の手続きとは、

　　抽象対象集合における、ある性質・共通性・本質に着目し、それを概念的に抽き出して把握すること、

である。

　この抽象の手続きを実行するためには広い視野をもって、抽象対象集合全体を大局的に観察する態度が必要となる。

　抽象の結果得られた抽象概念は一般に集合の形式である。この集合が複雑化するのを避けるために適宜、統合、置き換えなどの簡略化を図ることが好ましい。

　次にこの抽象の結果に対して、それが対象問題を解決に導く最終抽象概念に相当するかどうかの合致判定を行う。

　合致しない場合、一般に i-番目の抽象概念が求められているとき、$(i+1)$-番目の抽象概念をいかに求めるかという探索の制御の問題に直面する。i-番目の抽象概念がもたらす実際の効果と目標達成効果の違い、"ずれ"を認識し、その差を補うためにはどのような価値ベクトルを持つ抽象概念を新たに抽象対象集合に加えるべきかを考え、必要になると考えられる抽象概念を加え、不必要とみなされる要素は、抽象対象集合から除外する。この場合に加えるべき要素とは、設定された普遍概念の方向性を強く持っているものが望ましい。

このためには学問上の成果としての抽象概念は最も好ましい。

原則としてはこの抽象概念は、その随伴する要素により構成される樹木図に裏付けられている必要がある。しかし利用者の責任のもとに、利用者により理解された価値ベクトルを持つ概念として、抽象概念単独での利用も可能としていることが、本書において抽象概念の集合を対象とする抽象の定義のメリットでもある。

どのような抽象概念を加えるかにあたっては、この問題に関係するAI用巨大データベースを活用し、AIからの指示を参考にすることは賢明である。

抽象概念探索の試行錯誤は、一般に長期間を要する大変苦しい困難な問題である。したがって強い問題意識を持ちつつ長期間にわたる忍耐強い対応が必要となる。

ところで、上記の探索において、ある"抽象概念"が、果たして"目標"達成に有効かどうかを判断することは大変困難な作業である。その理由は、"抽象概念"と達成されるべき"目標"とはその存在空間が互いに異なるからである。すなわち前者は"抽象の空間"、後者は"具象の空間"である。

この問題は、13.4節に述べる対話化により解決される。

3．最終抽象概念の総合

最終抽象概念そのものは、抽象の空間（3次元概念空間）の存在であって、それだけではまだ実際に役立つものではない。更にその最終抽象概念の意味する内容を現実的に意味あるものとして、実際に役立つ形式にまとめあげる、すなわち本書でいう最終抽象概念の"総合"が必要となる。

13.3　最終抽象概念の総合

抽象概念探索作業において首尾よく最終抽象概念が発見されたとしよう。

ここで抽象概念探索作業を振り返って考えてみよう。

これは抽象の手続きの連続であった。この一連の手続きを総合的に見るならば、抽象概念探索作業とは、人の"現実世界"に存在する個物の集合を入力とし、その結果として一つの最終抽象概念を人の知的思考空間（通常は３次元概念空間）において出力する、とみなすことができる。

ところでここで問題としている事柄は、抽象概念探索作業とは逆の変換、すなわち人の知的思考空間（通常は３次元概念空間）に存在する一つの抽象概念が与えられて、それを適切に表現する、"現実世界"に存在する"個物の構造体"を求めることである（図13-5）。

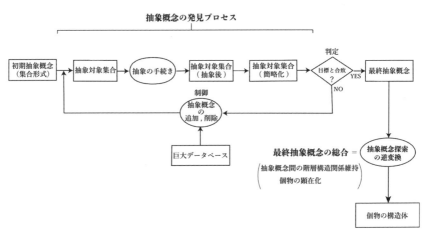

図13-5　４次元知的思考における抽象概念の総合

さて13.2節における最終の抽象対象集合は、集合の形式としての一つの抽象概念を表すと考えることができ、これは、探索過程における多数回の抽象の手続きの最終結果である。

そこで探索過程において関わった個々の個物と抽象概念を"陽に"表現すると図13-6に示すような探索樹木図となる。

この探索樹木図は、人が最終抽象概念の発見に到達した過程に基づ

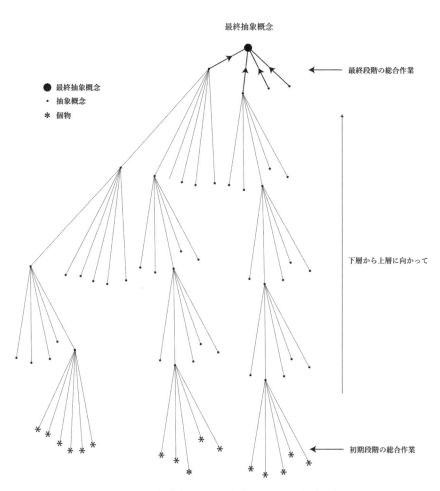

図13-6　最終抽象概念の逆変換のための探索樹木図

く、"随伴する"個物と抽象概念の関係を表現することにより、対象とする問題そのものの構造を示している。

　そこで最終抽象概念の総合にあたっては、最終抽象概念の探索樹木図を手がかりとして利用する。

　すなわち図13-6に従い、図の関係を具体的な個物により表現し直すのである。図の抽象概念間の階層構造関係を維持しつつ、最下層から徐々に上層に向かってこの作業を順次繰り返すことにより総合化作業を完了する。

　この作業により、具体的な個物間の関係性が維持された、最終的に求めるべき"現実世界"のための構造体が得られるのである。

　なお6.3節で触れたように、抽象対象集合に、本来あるべき随伴要素を伴わずに抽象概念単独で含められている場合があるから、探索樹木図の最下層要素は個物のみとは限らない。

13.4　対話的知的思考

　4次元同次図形処理は、人とコンピュータの対話形式で行われる（図13-7の左図参照）。

"演算"は4次元同次空間において行われ、その最終結果は"4次元同次座標"として表される。これに対しスケール"wによる割り算"が実行され、人が理解可能な"3次元ユークリッド座標"に変換されて最終的に人に示される。

　人とコンピュータの対話により、この"演算"が繰り返され図形処理が完了する。

　これと同じように、図形処理に対応する人の知的思考の行為も将来的にはコンピュータとの対話形式でなされるであろう。

　この場合、図形処理の"演算"には"抽象の手続き"が対応する。

"抽象の手続き"は4次元知的思考空間（数学的には4次元同次空間）において行われ、その結果は"抽象概念"として表される。これを人が理解できるように、"抽象の手続き"終了の都度、"総合"の処理により、"現実世界"（具象の空間）の個物の集合に変換される。これは4次

元図形処理における、"wによる割り算"に対応する（図13-7の右図参照）。

　すなわち、知的思考の対話処理においては、抽象の手続き→抽象概念の発見→抽象概念の総合→人による判断、という一連のプロセスが繰り返される。

　このように人の判断は"現実世界"（具象の空間）において行われるから、13.2節で述べた、"抽象概念"と"目標"が異なる空間に存在する問題は解消される。

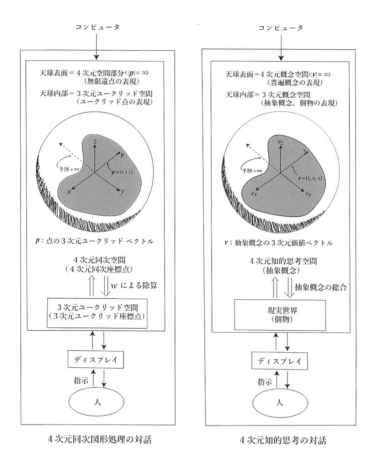

図13-7　コンピュータとの対話による、図形処理と知的思考

　パート3では、抽象の手続きの、もっぱら人の知的思考における意義、原理、方法など、その内容の問題を考察した。

　抽象の手続きは、人の知的思考に及ぼすその強力な効果によって、人の持つ基本的な考え方、態度、人生観、すなわち本書で言う世界観にも影響を与える。

　パート4では、抽象の手続きの、人の持つ世界観への影響について考える。
　第14章では、抽象の世界観と具象の世界観を概観し、概括する。また第15章では、抽象の世界観に伴う問題点に焦点を当てる。それらはどのような原因により生ずるのかを考えるとともに、抽象の世界観とは反対の具象の世界観の価値も認識し、評価する。

第14章　抽象の世界観と具象の世界観

14.1　抽象の世界観

　人が仮に、身の動きを自由に行える環境になかったとする。見えるものは、いつも同じ風景で、代わり映えがしない、そんな状況に有能な人が置かれ続けたらどうであろうか。行えることはただ自分の頭脳で考えることだけだ。思考に思考を重ねることになるだろう。現実に認識する個物の集まりをそのままにしておけず、思考を重ね、そこにある概念を発見し、それを発展させ、さらにその概念を現実的に意味あるものに関係付け、まとめようとする。

　したがって思考や哲学は概念的、観念的になり、実在論（実念論）的

発想法の特徴を濃厚に持つのは自然であろう。三宅雪嶺[1]は、このような世界観を持つ国を"陸国型"と名付けた。ドイツ（プロイセン）がその典型であるが、中国もそれに近いかもしれない。マルクスは、ヘーゲル哲学という典型的な陸国型哲学に取り憑かれた。

　ベートーベンの第九交響曲の合唱の歌詞は、シラーの"歓喜に寄する賦"（Ode an Freude）から取られたものである。歌詞の中で、「あなた（歓喜）の魔力は、時流が厳しく分け隔てたものを再び結びつける」と抽象概念そのものを喜びの対象としている。だから喜びの原因がはっきりと掴みにくいのである。結婚の喜び、子供出産の喜び、入学の喜びなどという具体的なものではないところがわれわれ日本人にはちょっと奇異に感じられる[2]。

　陸国型の場合、全体主義の考え方になりがちである。国家と呼ぼうと社会と呼ぼうと、全体を個人あるいは家庭に対して圧倒的、絶対的に優位に立たせる思想である。ナチス時代のドイツはヒトラーの肖像画で国中が埋まった。つまりヒトラーの肖像画がドイツ全体を概括している。かつては中国でも毛沢東の、そして現在では習近平の肖像画が中国大陸を埋めている。

　中国でいう民主的とは、プロレタリア階級とか人民とかいう抽象概念に主権があるという意味に受け取れる。

　また憲法のような大前提を最初に立て、それに基づきいろいろな法律を演繹しようとする。憲法は観念的・概論的な法体系となる。

　さてここで、ドイツの母体を成したプロイセンの歴史を振り返ってみよう。

　プロイセンは地政学的に国境に天然の要害があるわけではなく、フリードリッヒ大王は四方敵国に囲まれているという強迫観念を持っていたから、極端なほどに軍事力強化に力を入れ、国家の存立を確固たるものにしようと腐心した。そうであるからまずは国家が頭にあった。

　その後、ナポレオンにほとんど壊滅的な打撃を受けたプロイセンは、その強大さに対抗するための国家的対策として世界に先駆けて"ドイツ参謀本部"を設立し、軍事力の充実を図った。

軍事学者クラウゼヴィッツはプロイセンの安全保障について哲学的な深い考察を行い、国家が壊乱状態にあるとき、民主主義的な考え方は国家分裂要因になると洞察し、国家を維持するために軍の強化が必要になるとした。したがって国家に対し国民は従の関係となる。この考え方は以後、ビスマルク、モルトケらにも共有されていった。そして全体主義国家ナチの誕生につながっていく[2]。

　国民より国家という考え方は、根本としてドイツの置かれている地政学的な条件より発している面が大きいと思われる。ドイツ国民も彼らの置かれている条件をよく理解し、その条件のもとに築き上げられてきた彼らの国家の歴史を誇りに思っているように見える。

　ほとんどのドイツ国民は、第1次大戦後のドイツに制定された、基本的人権の尊重を認めた民主的なワイマル憲法を自分たちの誇るべきものとは思っていなかったと言われる。なぜなら彼らは国家という言葉に"誇り"、"権力"、"権威"のイメージを持っているが、ワイマル憲法の民主主義はこのドイツ精神にそぐわないと考えているからである。

　本書の考え方に従うならば、以上は抽象の世界観に分類される。

14.2　具象の世界観

　以上とは反対に、四方を海に囲まれて地政学的安全保障が得られ、安心して人は思いのままに自由に動きまわれる環境にあったとしたらどうだろうか。目に見えるものは次々と変化する。人はさまざまな人物と接触することになるだろうし、さまざまな異なる風物と接触することになる。そしてさまざまな体験をする。

　このような国民は、見聞する個物をそのままのバラバラの状態にしておき、個なるものを個として、概括することなしに観察するという立場をとるものだ。このタイプを雪嶺は"海国型"と名付けた。イギリスをその典型とするが日本もそれに近いだろう。唯名論的発想法を大切にし、個体志向、具象志向である。

　陸国型の詩の例として、シラーの詩を挙げたが、ここでは海国型の例として日本の俳句を考えてみよう。「古池や　蛙とびこむ　水の音」。俳

句の場合あくまで自然物を使いその中に季節感を出そうとする。高遠な思想を述べようとする場合でも、抽象表現は使わないのが原則である。シラーの詩のように、高度な知力を要しないので誰にでも作ってみることができるのは俳句の特色でもある[2]。

　しかし、人によっては古池が永遠を象徴し、蛙が人を象徴し、水の音が人生のあたふたとした忙しさを象徴し、そこから永遠と個人の生涯の短さの対比が示されると解釈することもできる奥深さも持っている。

　さてイギリスには、国を概括するような意味での肖像画はなく、国家という全体性の中における個々人の肖像画を大切にする。イギリス人は個人の肖像画に対する特別な愛着を持ち、ロンドンには国立肖像画美術館（National Portrait Gallery）もある。イギリス人は、ある特定の個が全体を包摂してしまうことを好まないのである[2]。

　肖像画に対する好みと同様にイギリス人は、個人の伝記にも関心を寄せる。人名辞典（Dictionary of National Biography）は、1冊1000ページほどのものが60巻もある[2]。

　もう一つの例として、シェークスピアと並んで最もイギリスを代表するといわれる文人ドクター・ジョンソンは、自国の詩人52人の列伝を書くことは最高の楽しみであったと言ったが、またイギリス人もこの列伝を好んで読んだと言われている。個を大切にするのがイギリス人の特徴なのだ。

　哲学は、フランシス・ベーコンを代表者とする経験論がイギリス哲学の特色である。政治的に彼らアングロ・サクソンを特徴付けるのは民主主義で、個人の意見を尊重するのである。プロレタリア階級とか人民とかの人権ではなく、個人個人が好きな政党を選び、好きな議論を発表できるという意味の民主主義なのである。

　イギリスには成文憲法はない。あるのは共同体の民度に合わせて発達してきた判例の集積による慣習法が中心である。

　わが国は海国型のように思えるが、聖徳太子は、中国大陸の当時の大国との対抗上からか、隋の制度や条文を参考にして、十七条憲法を作った。それはたちまち空洞化した。その後、武家を中心とした習慣に基づ

いた幕府のやり方の方が、より国民生活に密着し、空洞化の度合いが少なかった。

明治維新の時は、伊藤博文は「千古不磨の大典」といわれる憲法を作ったが、たちまち空洞化し、軍国主義に利用されてしまった。

戦後の新憲法も発布当時、アメリカ製だと言って最も強く反対していた左翼が今日最も強く支持し、反対に、発布当時は賛成だった右翼が、今ではアメリカ製だと言って最も強く改正を主張している。要するに各派の、その時点その時点における利用のしやすさしか問題にならない[2]。

憲法という大陸型の法制はすぐに国民生活と一致しなくなる。

一方、その都度その都度の法律の積み重ねでやってきたイギリスでは、成文憲法がなくても大過なく対処しているようである。個々の出来事を個々のものとして処理するイギリス人の世界観がよくあらわれている。

ところで話題を国語の辞書の問題に移すことにする。

フランスにおいて17世紀のはじめ頃に設立されたアカデミー・フランセーズは、フランス語の整備に着々と成果を上げ、そこで作られた辞書は、万人を承服させるだけの権威があった。

一方イギリスではどうだったのか。イギリスでは、国家の威光を背景にした機関によらず、サミュエル・ジョンソン（ドクター・ジョンソン）という一私人と民間出版社によって『英語辞典』が、1755年商業ベースで作られたのである。18世紀頃からイギリス人の市民生活のあらゆる面に、"個"を志向した考え方が顕著であった[2]。

ジョンソンの辞書だけではない。ジョージ・キャンベルの『修辞学の哲学』、マレーの『英文法』（1795年）など、いずれも個人が書いた著作が、何ら国家の権力を背景にすることなく国語アカデミーの役割を引き受けるに至ったのである。

ジョンソンなどは、公立機関による国語規制の如きは、専制国家で国民が奴隷的な国ならいざ知らず、個人個人が権利意識に目覚めた自由な国家では通用しないのだ、国立の英語アカデミーによる統制は、イギリ

ス人の自由の精神に反する、と昂然と言い切っている。つまりジョンソンらの目から見ればイギリスは民主的、大陸諸国は専制国家なのである。

　このようにイギリス人の個に目覚め、個を大切にする姿を思うにつけ、アングロ・サクソン人に受け継がれている海国型の国民性を思うのである。民主主義とは個人の意見の尊重であることは言うまでもないが、アングロ・サクソン人は体質的に民主的な考え方を持っていると思わされる。

　16世紀後半、イギリス人とほぼ同じ血の流れを持つとされるオランダ人は、スペインに対する独立戦争をしていた。1581年、ユトレヒト同盟はスペイン王フェリペ2世の君主権を否認する「忠誠廃棄宣言」を発布した。この宣言こそは世界で最初の自由民権宣言であり、英国の名誉革命、フランス革命、アメリカ独立宣言の淵源をなすものであった[3]。

　前述の陸国型のプロイセンの場合と比較してみると、海国型のイギリスは海に囲まれ、歴史上の古い時代には外敵の直接的な侵略からは逃れられ、安全保障上は比較的恵まれていたことも彼らの世界観に影響しているのではなかろうかと改めて思う。

　本書の考え方に従うならば、以上は具象の世界観に分類される。

14.3　世界観の概括

　本節では、これら抽象の世界観と具象の世界観を概括し、その特徴についてまとめてみよう（図14-1参照）。

図14-1　抽象の世界観と具象の世界観

抽象の世界観は、本書の主題である知的思考を基盤としている。

　個物の集合が与えられるとき、ある概念にまとめあげたいという欲求は、抽象の世界観の態度である。

　まとめるためには、まず大空を飛翔する鷲の眼のような広い視野で、全体を展望する必要があるから、この態度は大局的である。大局的に見て、いかにそれらを概括的に把握し、まとめるかには人の高度な知的行為が伴う。これは、現在の既知のものでは満足せず新しい何かを求めたいという革新的な気持ちから発するものであり、これまでには存在しない、発見的な結果や、新しい創造につながる強力な効果が期待される。しかし革新的で斬新ではあるが、世の中の道理に反するとか、非人道的な要素のため、非常識なものとして、社会から排除されるべき、危険な創造もあり得る。

　一方、人によっては、または場合によっては、ある集合が与えられたとき、まとめるのではなく、そのままの状態、すなわち個別的にしておいた方がむしろ好ましいのだと考える態度もある。これは、全体よりも、個々のものを重要視し、または大切にしたい気持ちにも通じる。この態度は具象の世界観である。

　具象の世界観は、人生・生活の知恵、術、経験などを基盤としている。

　具象の世界観は、個々のものを、あるがままに個別に観察しようとする局所的な態度である。これは、現状を肯定する態度でもあり保守的ともみなせよう。個々なるもののあるがままを認め、味わい、鑑賞する態度であるから、常識的である。具象の世界観には抽象の世界観の派手さはないが、しっかりと地に足をつけた駝鳥の足の堅実性がある。すなわち具象の世界観は、現実処理の能力、生活の技術などを重視し、堅実性と常識性（コモン・センス）[脚注1] を有すると言えよう。

[脚注1 [4]] 本書の第14章、15章では“常識”なる語を、英語のコモン・センスの
　　　　意味で用いている。
　　　　英語のセンスには知識の意味はなく、識別力を意味する。従って英語

のコモン・センスは、「常人でも持っている識別力」の意であって、日本語の"常識"が持つ「常人が持っているような知識」の意味を持たない。

◆ 参考文献

［１］三宅雄二郎（雪嶺）『宇宙』政教社、1909。

［２］渡部昇一『アングロ・サクソン文明落穂集①』広瀬書院、2012。

［３］岡崎久彦『繁栄と衰退と』文藝春秋、1991。

［４］渡部昇一『新常識主義のすすめ』文藝春秋、1979。

第15章　世界観の考察

15.1　抽象における"捨象"のもたらす問題

　人の知的思考は、対象分野の如何を問わず抽象の手続きの繰り返しとみなされる。抽象の手続きは、個物の集合を一つの抽象概念にまとめることを基本とするから、知的思考とは膨大な数の個物をまとめあげる行為であると考えることができる。その効果の強力さは、歴史的になされた自然科学上の数々の偉大な成果を見れば明らかである。ここにまとめることはよいことだという考え方が生ずる。これが本書で言う抽象の世界観である。

　ここで、抽象という手続きに必然的に伴う"捨象"という作用を想起する必要がある。要するに抽象の手続きにおいて、ある要素が不適切に無視されたがために生じる、抽象の手続きにおける負の作用のことである。

　自然科学の場合、ある真理が発見されたとは、その過程における抽象の手続きに伴う"捨象"も適切になされたことを意味し、ここでいう意味の"捨象"は問題とならない。

　しかしこのまとめることはよいことだという考え方を自然科学分野以外において単純に適用すると、抽象の手続きに必然的に伴う"捨象"のもたらす悪影響が出現する問題がある。

ジャン＝ジャック・ルソー（Jean-Jacques Rousseau, 1712.6.28–1778.7.2）は、フランス語圏ジュネーブ共和国に生まれ、主にフランスで活躍した哲学者、政治哲学者、作曲家である（図15-1）。

　政治・社会・教育理論に関するルソーの三部作『人間不平等起源論』、『社会契約論』、『エミール』は、18世紀において、最も強い影響力を世の中に与えたとされている。

　三部作において彼は、人が長い歴史において、国や時代が変わっても誰もが疑いなく価値を置いている私

図15-1　ルソーの肖像

有財産、家族、教会、国家などを、従来の価値観から人々を解放するとして、それらのすべてを否定し、悪の根源とみなすという大胆な主張をしたのである。それまでに善としたもののすべてを否定することにより彼の主張は光り輝いて見えるがごとくに、かつ深い哲学であるかのように受け取られ、後世に対する影響は甚大であった。

　当時のフランスにおいて、彼の提起した社会契約説は多くの知識人に衝撃を与え、それに共感した国民は社会体制に不満を鬱積させ、ついにルソーの死後11年、フランス革命を起こしたのであった。

　ルソーは、人の持つ知性を信頼し、それに頼って思いのままに理想的な社会を契約し、作り替えることができると考えたのである。頭の中で自由を考え、空想の民主主義を構想した。

　フランス革命後の社会は、旧社会よりずっとよいもののはずであった。ところが予想外のことが次から次と起こった。革命を起こした人たちは、人の理性の万能を信じ、新しい契約を結ぶことによって理想国家を作るつもりであったが、ロベスピエールの登場を誰一人予測できず、

ナポレオンの出現を誰一人夢見ず、したがってその後の諸々の事件を何一つ予見できなかった。そして大量の無辜の人たちが殺されてしまったのである。この革命のために約490万人が犠牲となった。

　ルソーは、歴史的に長きにわたって人がよきものとして認めたものを大胆にも"捨象"し、痛烈なしっぺ返しを受けたともみなせよう。

　ところで、ルソーとほとんど同時代のイギリスにデイヴィッド・ヒュームという哲学者がいた。

　ヒューム（David Hume, 1711.4.26–1776.8.25）は、エディンバラ出身の哲学者、歴史学者、政治哲学者である（図15-2）。

　イギリス経験論哲学の完成者として知られる。大著『人間本性論』（*A Treatise of Human Nature*）を著し、認識論を展開し、ここに彼は哲学的思考が分析できるギリギリのところまでの極北を示した[1]。

　ヒュームの歴史観の中心は、"習慣"、"慣習"である。歴史は"慣習"に導かれ進行していくものであると彼は考えた。この"慣習"は固定したものではなく、その時々の機会で方向を変えるものであって、予測も予断もなかなかできにくい、つかみにくい流動的なものである。したがって人知をもってして予測できるものではないと考えたのである。先の先まで見越した上で、例えばルソーの言う社会契約を結ぶことができるような能力は人には存在しないと考えた。ヒュームは歴史を考えるにあたって、あらゆるイデオロギー的解釈を否定したのである。

　ヒューム死後の人の歴史は、まさにヒュームの認識が正しかったことを証明しているかに見える。

　ルソーから少し時代が降って、マ

図15-2　デイヴィッド・ヒュームの肖像

ルクスは明らかにルソーの影響を強く受け、共産主義を提唱し、レーニンがロシア革命を実行したが、それによる犠牲者は一説によると全世界で1億人にのぼるともいう。

　もしもヒュームの、上述した"人知に対する明察"とも言える考え方を人々が理解していたならば、フランス革命は起きなかっただろうし、そしてそれに影響されたロシア革命も起こらなかっただろう。世界の歴史はもっとゆっくりと穏やかに平和のうちに進み、それは人類の幸福のために好ましかったのではないかと思われるのである。

　要するに共産革命によってなくなったはずのもの、つまり"捨象"したはずのものが、すべて厳存していることである。厳存しているどころか、悪質になっているのである。新しい階級はできたし、弾圧もあるし、個人の所有欲も少しもなくならない。

　こうした現代の狂気からのがれるためには、人が長年かけて作り上げ、多くの人にとって重要だと認識されてきた事柄は安易に"捨象"してしまわないことである。国家は大切なものであるし、個人には所有欲とプライヴァシーへの欲求があり、社会には何らかの階級があるものと認めた上で議論をすすめた方が、実際にはよい結果を生むであろう[2]。

15.2　イギリスの歴史が教えること

　抽象の手続きにおける"捨象"のもたらす負の問題点に注目するとき、まとめないでそのままにしておくことの意義を認識する、具象の世界観が生まれる。

　14.2節で述べたように、具象の世界観の代表的な例は、18世紀後半以後のイギリスに見ることができ、そこでは市民生活のあらゆる面に、"個"を志向した考え方が顕著であった[3]。

　その頃のイギリスを代表する人物として、『英語辞典』の編纂者として名高い、サミュエル・ジョンソン（Samuel Johnson, 1709.9.18–1784.12.13）が挙げられるだろう（図15-3）。

　彼は、イギリス人の間ではシェークスピアとともに最も人気があり、

「ドクター・ジョンソン」と呼ばれて、親しまれた文人である。ドクター・ジョンソンは、市井の学者であって大学教授ではない。象牙の塔などに引きこもっていないでロンドンのコーヒー・ハウスで気炎を上げていた。

　彼は多くの機知に富んだ語録を残している。例えば、食に関する絶妙の一句としては、

　　　　腹のことを考えない人は頭のことも考えない。

がある。

　ドクター・ジョンソンはバランスの取れた人だから、美味求真にひたすら走ることは好まない。別の機会にはそれを戒めるための名論文も書いている。

　彼の言うことには、いつも常識（コモン・センス）が輝いているのである。

　ジョンソンは、会話もすばらしいが、気質的には道徳家であり、職業的には作家であった。

　本屋に生まれた彼は、本を書いて生活の資を得、また本を読んで自分の思想と学識の幅を広げようと努めた。そして晩年の彼は、書物は生活の技術をこそ教えるべきものと考えた。

　生活の技術の好模範を残した点で、ジョンソンの右に出る者はいないとみなされている。

　18世紀前半頃までのイギリスでは、ルイ14世のフランスに絶えず劣等感を感じていたのであるが、ジョンソンが『英語辞典』を完成し

図15-3　サミュエル・ジョンソン

た1755年頃になると、フランス何するものぞ、という自信が出てきた。

　ちらっと頭の中で思い出してみただけでも、イギリスという国は、世界に冠たる知の巨人の国であることが分かる。科学の分野では、自然のうちに存在する力学の原理を数学的に示したアイザック・ニュートン（1642-1727）、人類の進化という壮大な歴史を説明してみせたチャールズ・ダーウィン（1809-1882）、哲学において最も基礎となる認識論を徹底的に分析し尽くしその極北を示したデイヴィッド・ヒューム（1711-1776）、経済学において市場原理を主張し、資本主義社会の発展をもたらしたアダム・スミス（1723-1790）、……などなどの錚々たる知の巨人たち、すなわち本書で言うところの抽象の世界観の人物群とともに、一方ではサミュエル・ジョンソンのような大常識人、本書で言うところの具象の世界観の巨人も出現し、19世紀の頃のイギリス国民は常識もそなえた尊敬すべき紳士の国として、世界中から仰ぎ見られるようになったのである。

　ここで見落としてはならないことは、この頃のイギリス人たちは自ら努力することを怠らなかったことである。

　サミュエル・スマイルズ（Samuel Smiles、作家、医者、1812.12-1904.4）は1859年、著書『Self-Help』を著わし、序文中で「天は自ら助くる者を助く」として、努力することの大切さを説いた。イギリスの最盛期を示すビクトリア朝のことであったが、この書はイギリスで爆発的な売れゆきを示すベストセラーとして人々に迎えられた。

　なお『Self-Help』は明治4年、当時幕府の留学生だった中村正直によって『西国立志編』として和訳、出版され、日本でも100万部以上を売り上げた。

　ところが、である。第2次大戦後のイギリスはどうであろうか。

　ひとたび社会主義の方向に足を踏み入れ、"揺り籠から墓場まで"の旗印のもとに過度な社会保障に突き進んだため、人の"自助努力の精神"が失われ、非常識なほどに税金がかかってしまうなどの、イギリス病と言われる弊害に悩まされたのである。

　社会主義は、人の持つ普遍的な価値概念の一つである、自助の精神を

軽視した、すなわち"捨象"したことになる。これは、抽象の世界観が持つ危険性を示すとともに、具象の世界観、すなわちコモン・センスの大切さをも示していると考えられる。もしイギリス人に、かつてのしっかりとした識別力、判断力としてのコモン・センスが維持されていたならば、自助精神軽視のおかしさを認識、判断できたはずだからである。第2次大戦後のイギリスは、かつての世界的に尊敬された常識の国ではなくなってしまったのだろうか。

　ここに、抽象の世界観に対して、具象の世界観の持つ重要な役割、すなわち、

　コモン・センス（識別力、判断力）に基づいて抽象の世界観をチェックする働き

を確認するのである。

　まとめるという原理に基づく抽象の世界観は人の意図的、知的努力を伴い、その効果は強力であるから、その価値は人にとって理解しやすい。

　一方、具象の世界観の原理はそのままにしておくであり、そこに存在する人の意図的努力が見えにくく、その価値は理解されにくい。

　しかし、当時のイギリスは常識の国、紳士の国として世界中の多くの人々から高く評価されたのであり、彼らの根底を支えた具象の世界観の評価価値は非常に高かったということは銘記されるべきである。

　一概に抽象の世界観の価値が高くて具象の世界観の価値が低いと言えるものではない。

15.3　柔軟な世界観

　世界観は、それが学問追求のためのものであるか、それとも人の日常生活のためのものであるかによって、基本的には異なるものと思われる。

　すなわち、前者のそれは大空を飛翔し、広範な風景の中から重要な対

象を鋭く見付け出そうとする「鷲の眼」に喩えられる知的思考能力が求められる。

　他方後者のそれは、地にしっかりと足をつけて力強く駆け回る「駝鳥の足」を想起させるような実務を手堅くこなす、生活術・知恵・経験が求められる。

学問追求の観点

　人の知的思考は抽象の手続きに基づいて行われるのであるから、学問追求においては当然、抽象の世界観が重要である。

　自然科学分野においては、抽象の繰り返しを基本原理とし、歴史上、数々の偉大な学問的成果、すなわち、自然界に存在する真理（正しい方向を持つ普遍概念）が発見されている。抽象という手続きは、無関係な要素を除外する"捨象"を必然的に伴うが、真理の発見に成功したということは"捨象"も正しく行われたことを意味し、ここにおいて何ら問題は存在しないのである。

　ところが自然科学が対象とする自然界に比べ、人社会を対象とする場合は、対象が複雑で、流動的で、正しい目標を定めにくい問題が存在する。目標が正しく設定されない場合、その最終結果には"捨象"の悪影響の問題が生ずるおそれがある。

　本書では、ルソーの思想に基づくフランス革命、マルクスの思想によるロシア革命などの例を挙げて、抽象の世界観が陥りやすい"捨象"の弊害を述べた。

　ところでルソーと同時代のイギリスに、哲学的思考が分析できるギリギリのところまでの認識論の極北を示した偉大な哲学者デイヴィッド・ヒュームがいた。彼は、ルソーの考え方に真っ向から反対した。ヒュームは、歴史の流れは人知をもってして予測できるものではないと考えた。先の先まで見越した上で、社会契約を結ぶことができるような能力を人は有しないとし、歴史を考えるにあたって、あらゆるイデオロギーを否定していたのである。すなわちこの場合には正しい目標を設定することが極めて困難なことなのである。

人社会の正しい歴史イデオロギーを考えることはほとんど不可能であることが、ヒュームによる理論と歴史上の実際例の検証とにより示されたのである。この分野に関しては、われわれは具象の世界観に戻るべきことを歴史上の経験から学んだのである。

具象の世界観とは、歴史上、国や時代が変わっても誰もが疑いなく価値を置いている普遍的な概念を再評価し、歴史という経験から学ぶ世界観でもある。

上述した人社会の歴史イデオロギーの分野は、抽象の世界観を安易に適用できない特別な分野であると考える。

一般に、さまざまな学問専門領域の問題に関しては、当然のこととして高度な価値概念が追求され、従って抽象の世界観が求められる。この際には、本書で再三繰り返したように、"捨象"の影響に最大限の注意を払う必要がある。

日常生活の観点

次に人が日常の生活を営むという観点からの世界観を考えてみよう。

まずその基盤としては、コモン・センスを重視する堅実な考え方を特徴とする具象の世界観を主体的に考えるのが自然であると考えられる。

この場合、生活の技術の好模範を示したサミュエル・ジョンソンの例は参考になるであろう。

ところで人は具象の世界観のみで満足できるものだろうか。

人には科学、哲学、芸術、その他さまざまな分野における高いレベルの知的思考の欲求が存在する。そのためには抽象の世界観の態度も心して持つことが好ましいだろう。

人の真に幸せで、知的な生活は、真・善・美などの普遍概念に基づく活動なしには考えられないのではないだろうか。すなわち普遍概念を積極的に取り入れる抽象の世界観も、わずかでもよいから人の生活に取り入れるべきであると思える。

これにより科学、哲学、芸術その他の知的分野のもたらす恩恵を享受

することにより、人の生活はより充実した豊かなものになるはずである。

　以上を要するにわれわれは、対象により、時により、または場合により、それぞれに相応しいと思える世界観、すなわち柔軟な世界観を持ちたいものである。

◆参考文献
［1］ヒューム（土岐邦夫・小西嘉四郎訳）『人性論』中公クラシックス、2010。
［2］渡部昇一「不確実性時代の哲学」『新常識主義のすすめ』文藝春秋、1979。
［3］渡部昇一『アングロ・サクソン文明落穂集①』広瀬書院、2012。

パート5　本書のまとめ

筆者が本書において意図した主要な論点を以下にまとめる。

概要

本書は、知的思考の基本である"抽象"の手続きに対し、筆者独自の価値理論を適用することにより、知的思考の哲学に数学的骨格を与え、数学との学際的架橋を試みたものである。

筆者は、以前図形処理工学において提示した4次元同次処理の数学的構造が知的思考の哲学においても同様に存在することを明らかにした。

さらにその4次元的観点から3次元的現代哲学に必然的に伴う問題点と限界を指摘し、それらを自然な形で解消する4次元哲学を提示している。

以下に、4次元知的思考の哲学を4次元同次図形処理と対照させることにより本書の要点を述べる。

4次元同次図形処理

図形処理の分野では従来、主として3次元ユークリッド座標 (x, y, z) に基づき、ユークリッド空間において処理が行われ、多くの問題が存在した。

筆者は、一貫して4次元同次座標 (w, X, Y, Z) に基づき、4次元同次空間において処理を行う4次元同次処理を提起した。

従来の3次元ユークリッド処理は、対象とするものの"実体"を処理するのではなく、実はその"影"を処理する方式なのである。これに対し4次元同次処理は、対象とするものの"実体"そのものを処理するという、本来あるべき、正しい処理方式である。またこれには演算に伴う"割り算"は必要とされない。

当然のこととして４次元同次処理は、従来の３次元ユークリッド処理に比べ理想的な特性を示し、ほとんど完全な処理とみなし得るほどである。

この事実は、３次元図形の本来あるべき処理空間は４次元同次空間であることを示す。

４次元知的思考の哲学

人の行う知的思考の基本は“抽象”の手続きであるとみなす。

人はある目標を持って抽象の手続きを行う。ここに、抽象の手続きにおける“対象”の、目標方向に対する関与の程度が問題となり、“価値ベクトル”なる概念が必要となる。

▫ 抽象の手続きの前提 ── 個物の価値

哲学においては一般的な価値の表現として、“真・善・美”など、３次元として捉えることが多い。

本書では知的思考を行う前の前提として、個物はそれぞれ固有の方向を持つ、３次元単位ベクトルによって表される“原初の価値”を持つと仮定し、個物を抽象概念化する。

抽象概念の価値ベクトルが記述される空間を、３次元概念空間と呼ぶことにする。

▫ 抽象の手続きの価値理論

人はある目標のもとに抽象の手続きを行う。

人は対象の集合に対し認識能力を働かせて判断を行い、ある要素の集まりを選定・評価し、それらの共通概念を抽象概念として抽き出す。

ここに、ある要素を選定・評価するとは、その要素に対し、目標に沿うある価値を“発見”したと考え、その従来価値ベクトルを増加させる。

人は、増加価値ベクトルの総和を“獲得”したと考え、それを抽き出された抽象概念の価値として“表現”する。

▫ 知的思考の過程 ── 抽象概念の発見と総合

人の知的思考とは、3次元概念空間における、目標とする抽象概念の探索である。

人はある目標を持ち、その知的思考のための抽象対象集合を用意し、これに抽象の手続きを適用し、結果としてある抽象概念 v_i を得る。それが目標を満足すれば、探索はそこで終了するが、十分に満足しない場合はその改善のために、抽象対象集合における要素の追加、削除を行い、再度抽象の手続きを実行する、すなわち、

$$v_i + \delta v_i = v_{i+1} \tag{1}$$

を行う。すなわち、人の知的思考においては、式（1）の演算が繰り返される。

目標とする"抽象概念の発見"が首尾よく行われた場合、次に行うことは、それまでに実行した抽象概念探索過程の逆変換を行い、個物の構造体を決定する手続きである。これを"抽象概念の総合"と呼ぶ。

抽象概念の総合は、抽象概念探索過程により得られた"探索樹木図"の階層構造関係を利用して行う。

▫ 普遍概念の定義

抽象とは、より普遍な抽象概念を生成する手続きであると考えることができる。

抽象の手続きが、目標とする方向 $[v_X, v_Y, v_Z]$ を厳格に守りつつ繰り返されるならば、生成抽象概念の価値ベクトルはその方向に向かって増加を続け、またその普遍性はますます高まり続ける。

すなわち抽象の手続きが一定の方向に何度もなんども繰り返されれば、生成抽象概念は、$[v_X, v_Y, v_Z]$ なる方向で、価値ベクトルの大きさが無限大（∞）の、絶対的普遍な、ある概念に限りなく近づく。

本書における普遍概念とは、この数学的極限（$|v| = \infty$）としての想定上の概念をいう。

この新普遍概念は、同次座標では $(0, v_X, v_Y, v_Z)$ として記述される4

次元の存在である。

　新普遍概念の存在する空間を４次元概念空間と呼ぶ。

□ 現代哲学の与える普遍概念の問題点
　絶対的普遍概念と相対的普遍概念
　現代哲学の与える普遍概念の定義は、

　　「多数の個物のどれにでも同一の意味で適用し得る概念」（下線筆
　　者）

である。

　他方、新普遍概念の定義を、個物の数により表現すれば、

　　「無数の個物のどれにでも同一の意味で適用し得る概念」

となる。

　新普遍概念が**絶対的普遍概念**であるのに対し、現代哲学は相対的普遍
概念を定義している。

　現代哲学の与える普遍概念は、新普遍概念生成の収束過程に発生する
抽象概念の普遍性を表現したものとみなすことができ、抽象概念とは異
なるはずの普遍概念の持つ特別な意味が不明確である。

　本書における４次元的検討によって初めて、抽象概念の普遍性とは区
別される、絶対的な意味を持つ普遍概念の定義が可能となったのであ
る。

　人の認識能力
　幾何学は、大きさのない"点"という概念を前提とし、構築されてい
る。

　この事実は、"点"が**絶対的普遍概念**であることを示している。

　人は**思惟**の能力により抽象概念を認識する。また人は、さらに学問上

の知識（論理）の援用に基づく最高度の**思惟**能力により**絶対的普遍概念**という、４次元に相当する認識活動を行うのである（図 s-1 参照）。

　ところで現代哲学の与える普遍概念は相対的な表現である。したがってこれは、例として挙げた幾何学の重要な**絶対的普遍概念**に対応できない。

　ここに３次元的現代哲学の問題点と限界が存在し、その４次元化は必須となろう。

　既述のように、正しい普遍概念、すなわち絶対的普遍概念は４次元の数学的存在である。この意味で普遍論争における実在論が正しいことになる。

　因みに、４次元同次図形処理は完全に実在論に依拠した処理である。

▫ 人の知的思考空間のあるべき数学的構造
　人の知的思考空間は、３次元概念空間とそれに連なる４次元概念空間

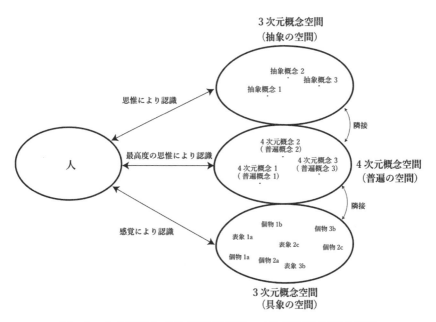

図 s-1　人の認識と３次元概念空間、４次元概念空間の関係

により構成され、これら二つの空間は、(v_w, v_x, v_y, v_z) として、単一の同次座標によりまとめて記述される。

　すなわち人の知的思考のあるべき空間は、数学的には4次元同次空間であることが分かる。これは図形処理における、あるべき処理空間とも数学的に一致する。

　ここに人の知的思考空間における4次元概念空間と3次元概念空間は、それぞれ4次元同次空間における4次元空間部分と3次元ユークリッド空間に対応する（図 s-2、図 s-3 参照）。

　また4次元概念空間の要素である普遍概念（＝**絶対的普遍概念**）は4次元同次空間における**無限遠点**に、また3次元概念空間の要素（抽象概念、個物）は4次元同次空間における3次元ユークリッド点に、それぞれ対応する。

▫ **問題の解決 ── 4次元哲学**

　3次元ユークリッド空間に対する4次元同次空間の違いは僅かである。すなわち図 s-3 から分かるように、その違いとは「天球モデルにおける天球表面が加わっているか否か」である。

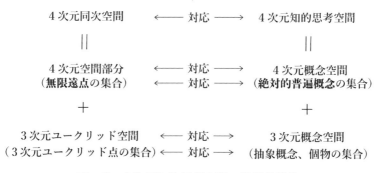

図 s-2　4次元知的思考空間の数学的構造

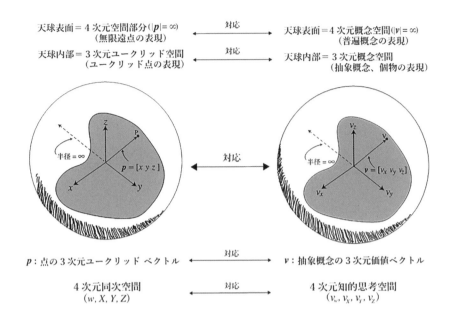

天球表面＝4次元空間部分($|p| = \infty$)　←対応→　天球表面＝4次元概念空間($|v| = \infty$)
（無限遠点の表現）　　　　　　　　　　　　　（普遍概念の表現）

天球内部＝3次元ユークリッド空間　←対応→　天球内部＝3次元概念空間
（ユークリッド点の表現）　　　　　　　　　　　（抽象概念、個物の表現）

p：点の3次元ユークリッド ベクトル　←対応→　v：抽象概念の3次元価値ベクトル

4次元同次空間　←対応→　4次元知的思考空間
(w, X, Y, Z)　　　　　　　　(v_w, v_x, v_y, v_z)

図 s-3　4次元知的思考空間の数学的構造（天球モデル）

　すなわち図形処理においては、"無限遠点"が加わるという小さな変革が、全面的な特性の完全化という全体的な、大きな変革に繋がったということである。

　本書の提示する4次元知的思考の哲学では、抽象の繰り返しによる極限として絶対的普遍概念を定義している。これにより得られる4次元哲学の数学的空間構造は4次元同次空間そのものであり、絶対的普遍概念は4次元同次空間における"無限遠点"に対応している（図 s-2、図 s-3参照）。

　この関係が意味することは、

　　従来の3次元概念空間に加えて絶対的普遍概念の集合である4次元概念空間を明示的に持つ本書提案の4次元哲学は、図形処理の場合との比較から類推できるように、知的思考の哲学としての学問体

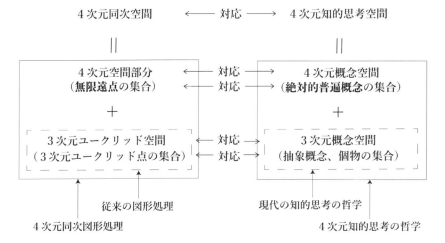

図 s-4　４次元化された、図形処理と知的思考の哲学の空間構造

　系全体の在り方の根本的改善の可能性を期待させる（図 s-4 参照）。

　図 s-4 において、左図は、従来の（３次元ユークリッド空間に基づく）図形処理に対する、無限遠点の空間（＝４次元空間部分）を含めた処理である４次元同次図形処理の関係を表す。
　右図は、現代の（３次元概念空間に基づく）知的思考の哲学に対する、絶対的普遍概念の空間（＝４次元概念空間）を含めた処理である４次元知的思考の哲学の関係を表している。

▫ ４次元哲学に基づく対話的知的思考
　４次元同次図形処理は、人とコンピュータの対話形式で行われる（図 s-5 の左図参照）。
　"演算"は４次元同次空間において行われ、その最終結果は"４次元同次座標"として表される。これに対しスケール"w による割り算"が実行され、人が理解可能な"３次元ユークリッド座標"に変換されて最終的に人に示される。
　人とコンピュータの対話により、この処理が繰り返され図形処理が完

了する。

　これと同じように、図形処理に対応する人の知的思考の行為も将来的にはコンピュータとの対話形式でなされるであろう。

　この場合、図形処理の"演算"には"抽象の手続き"が対応する。"抽象の手続き"は人の知的思考空間において行われ、その結果は"抽象概念"として表される。これを人が理解できるように、それぞれの"抽象の手続き"終了の都度、抽象概念の"総合"の処理により、"現実世界"における、関連付けられた"個物"の集合に変換される。この

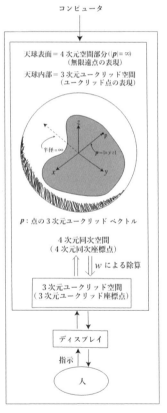
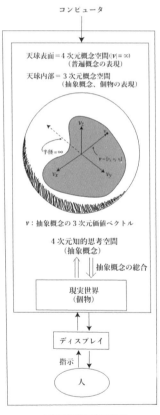

図 s-5　コンピュータとの対話による、図形処理と知的思考

"総合"の処理は、4次元同次図形処理における、"w による割り算"に対応する（図 s-5 の右図参照）。

　すなわち、知的思考の対話処理においては、抽象の手続き→抽象概念の発見→抽象概念の総合→人による判断、という一連のプロセスが繰り返される。

おわりに

　定年後、専門の図形処理工学の研究から完全に解放され、リラックスしてテニスなどに興じている折に、ギリシャの哲学者プラトンのイデア論の考えが、時折筆者の頭に浮かんでは消え、浮かんでは消えしていた。

　彼の考えは筆者がかつて提起した４次元同次図形処理の原理に通ずるのではないか？

　そうであるならば、知的思考という哲学の問題にも４次元同次図形処理に用いた数学的手法を応用できるのではないか？

　しかし、まともに取り組んでみようとすることはなかった。

　幸なるかなである。突如出現したコロナ禍により自宅に引き籠もらざるを得なくなり、多くの自由な時間が生じたため、この問題と真正面から取り組む気になり、ここに自分でも満足できる本書の出版に漕ぎ着けたのである。

　コロナ禍は、筆者にとって福をもたらしてくれた、と思うことにしている。

　本書は知的思考の哲学に関し、現代哲学に存在する基本的問題点とその解決法を示し、哲学の４次元化の必要性を論じている。これは、４次元知的思考の哲学の"とば口"である。

　今後、特に絶対的普遍概念が関与する様々な困難な問題に対する適用が期待される。

　４次元図形処理においては、無限遠点を含む困難な、または不可能とみなされた問題は、処理空間を、３次元ユークリッド空間から４次元同次空間とすることにより見事に解決された。

　４次元知的思考の哲学のあるべき数学的処理空間は、４次元図形処理

の場合と同じ4次元同次空間であることが判明した。

　それ故、4次元知的思考の哲学においても、<u>無限遠点</u>と数学的に対応する<u>絶対的普遍概念</u>に関連する困難な問題が、4次元同次空間の問題としての解決が期待されるのである。

　本書が4次元哲学発展のための端緒となれば幸いである。

　なお、本書の校正にあたられた東京図書出版の方々には、その丁寧で緻密な作業に対し心からお礼を申し上げたい。

　最後に、側面から絶えず励ましてくれる妻由紀子に感謝する。

　2023年　新型コロナも下火になると期待される秋たけなわの候

東京渋谷区初台のマンションにて

山口富士夫

付録　3次元ユークリッド図形処理と4次元同次図形処理

　以下に本書で必要となる範囲の最低限の図形処理のための技術を簡単に示す[1]。

　図形処理の技術は、図形の記述方式と、その処理方式により構成される。

　図形の記述は多角形が基本となる。多角形はその頂点を、表から見て、一貫した向き、例えば反時計回転向きの順に、2次元座標 (x, y) または3次元座標 (x, y, z) により記述する。立体の場合には、面相互の接続の情報（このような情報を、座標値などの幾何情報に対して位相情報という）もあわせ記述する。立体の場合は、これらの幾何情報と位相情報を記述すると、その表現は非常に複雑なデータ構造を成す。

　図形に対する処理としては、主として変換に関するものと干渉に関するものが問題となる。

　ここでは変換、および干渉問題の例としては幾何的ニュートン・ラフソン法を取り上げる。

　数式処理は、座標によるベクトルを対象に行う。

A1　ユークリッド図形変換

A1.1　2次元図形変換
　変換は図形の位置座標によるベクトルに対し行う。変換前のベクトルを $[x\,y]$、変換後を $[x*\,y*]$ と表記する。

2次元線形変換
　最も簡単な変換は線形変換である。

一般形は、

$$[x\ y] \begin{bmatrix} a & b \\ c & d \end{bmatrix} = [x* \ y*]$$

である。

$b = c = 0$ の場合、図形は原点を中心として、x-軸方向に a 倍、y-軸方向に d 倍だけ拡大する。

また $a = \cos\theta$、$b = \sin\theta$、$c = -\sin\theta$、$d = \cos\theta$ の場合、図形は原点を中心として反時計回転向きに角度 θ だけ回転する。

２次元アフィン変換

線形変換の後、x-軸方向に t_x、y-軸方向に t_y だけ平行移動する変換は、

$$[x\ y] \begin{bmatrix} a & b \\ c & d \end{bmatrix} + [t_x\ t_y] = [x* \ y*]$$

２次元一般射影変換

２次元の一般的な射影変換は次式により、

$$\frac{[x\ y] \begin{bmatrix} a & b \\ c & d \end{bmatrix} + [t_x\ t_y]}{px + qy + s} = [x* \ y*]$$

となる。

なお、座標系の変換は図形の変換とは逆向きの関係にあることに注意する必要がある。

A1.2　３次元図形変換

３次元の変換についても、２次元の場合とまったく同形式の数式で表される。すなわち、

３次元線形変換

３次元線形変換の一般形は、

$$[x\ y\ z]\begin{bmatrix} a & b & c \\ d & e & f \\ g & h & i \end{bmatrix} = [x^*\ y^*\ z^*]$$

となる。

上式は行列要素の数値を適当に選べば、３次元の点 (x, y, z) に対し、x-軸方向、y-軸方向、z-軸方向への拡大、縮小や x-軸回り、y-軸回り、z-軸回りの回転などを行う。

各軸回りの回転行列を以下に示す。

$$\begin{bmatrix} 1 & 0 & 0 \\ 0 & \cos\theta & \sin\theta \\ 0 & -\sin\theta & \cos\theta \end{bmatrix} \qquad \begin{bmatrix} \cos\theta & 0 & -\sin\theta \\ 0 & 1 & 0 \\ \sin\theta & 0 & \cos\theta \end{bmatrix} \qquad \begin{bmatrix} \cos\theta & \sin\theta & 0 \\ -\sin\theta & \cos\theta & 0 \\ 0 & 0 & 1 \end{bmatrix}$$

x - 軸回り　　　　　　y - 軸回り　　　　　　z - 軸回り

３次元アフィン変換

３次元線形変換の後、それぞれ x-軸方向に t_x、y-軸方向に t_y、z-軸方向に t_z だけ平行移動する３次元アフィン変換は、

$$[x\ y\ z]\begin{bmatrix} a & b & c \\ d & e & f \\ g & h & i \end{bmatrix} + [t_x\ t_y\ t_z] = [x^*\ y^*\ z^*]$$

となる。

３次元一般射影変換
３次元の一般的な射影変換は次式で表される。

$$\frac{[x \ y \ z]\begin{bmatrix} a & b & c \\ d & e & f \\ g & h & i \end{bmatrix} + [t_x \ t_y \ t_z]}{px + qy + rz + s} = [x* \ y* \ z*]$$

　３次元一般射影変換で特に問題となるのは、透視図を作るための演算である。

　図A-1において、右手ワールド座標系 $x_w y_w z_w$ により物体が記述されているとする。

　ワールド座標系において、視点 p_f (x_f, y_f, z_f) と注視点 p_a (x_a, y_a, z_a) を与えた場合、視点から注視点に向かって距離 k なる位置 o に、その向きに直交する投影面 $ox_p y_p$ を設定する。x_p-軸は、$x_w z_w$-面に平行と定める。

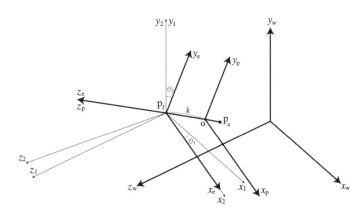

図A-1　各座標系間の関係

投影面に映る透視図を作るための演算過程は次のようになる。

視点 p_f を原点とし、その x-座標軸が $x_w z_w$-平面に平行な右手座標系 $x_e y_e z_e$ を視点座標系と呼ぶことにする。この場合、注視点から視点に向かう向きが z_e-軸の正の向きである。

さて、ワールド座標系を、$[+x_f +y_f +z_f]$ だけ平行移動してできる座標系を $x_1 y_1 z_1$ とし、次に $x_1 y_1 z_1$ 座標系を y_1-軸のまわりに $-\theta_1$ だけ回転してできる座標系を $x_2 y_2 z_2$ とし、さらに $x_2 y_2 z_2$ 座標系を x_2-軸のまわりに $-\theta_2$ だけ回転してできる座標系が視点座標系 $x_e y_e z_e$ である。またさらに視点座標系を z-軸方向に $-k$ だけ平行移動すると、投影座標系 $x_p y_p z_p$ に一致する。

従ってワールド座標系により記述された物体を投影座標系 $x_p y_p z_p$ の表現とするためには、まず線形変換である回転変換を行い、次に平行移動の変換の順序により行う。変換の大きさは座標系を変換した場合と同じで逆符号とする。

すなわちまず物体を y_1-軸のまわりに $+\theta_1$ だけ回転し、次に物体を x_2-軸のまわりに $+\theta_2$ だけ回転し、その後 $[-x_f -y_f -z_f +k]$ だけ平行移動すればよい。すなわち、

$$[x_p \, y_p \, z_p] = [x_w \, y_w \, z_w] \, \boldsymbol{m}_y \boldsymbol{m}_x - [x_f \, y_f \, z_f - k]$$

ここに、

$$\boldsymbol{m}_y = \begin{bmatrix} \cos\theta_1 & 0 & -\sin\theta_1 \\ 0 & 1 & 0 \\ \sin\theta_1 & 0 & \cos\theta_1 \end{bmatrix} \qquad \boldsymbol{m}_x = \begin{bmatrix} 1 & 0 & 0 \\ 0 & \cos\theta_2 & \sin\theta_2 \\ 0 & -\sin\theta_2 & \cos\theta_2 \end{bmatrix}$$

$$\boldsymbol{m}_y \boldsymbol{m}_x = \begin{bmatrix} \cos\theta_1 & \sin\theta_1 \sin\theta_2 & -\sin\theta_1 \cos\theta_2 \\ 0 & \cos\theta_2 & \sin\theta_2 \\ \sin\theta_1 & -\cos\theta_1 \sin\theta_2 & \cos\theta_1 \cos\theta_2 \end{bmatrix}$$

ここで、視点の前方 $z_p = 0$ の位置にある投影面に、投影座標系 $x_p y_p z_p$ で記述された物体に対し透視投影を行うと、透視座標 (x_q, y_q, z_q) は、

$$[x_q \ y_q \ z_q] = \frac{k \ [x_p \ y_p \ z_p]}{k - z_p}$$

$$= \frac{[x_w \ y_w \ z_w] \boldsymbol{m}_y \ \boldsymbol{m}_x - [x_f \ y_f \ z_f - k]}{1 - \dfrac{1}{k}([x_w \ y_w \ z_w] \boldsymbol{m}_y \ \boldsymbol{m}_x - [x_f \ y_f \ z_f - k]) \begin{bmatrix} 0 \\ 0 \\ 1 \end{bmatrix}}$$

$$= \frac{[x_w \ y_w \ z_w] \begin{bmatrix} \cos\theta_1 & \sin\theta_1 \sin\theta_2 & -\sin\theta_1\cos\theta_2 \\ 0 & \cos\theta_2 & \sin\theta_2 \\ \sin\theta_1 & -\cos\theta_1\sin\theta_2 & \cos\theta_1\cos\theta_2 \end{bmatrix} - [x_f \ y_f \ z_f - k]}{-\dfrac{1}{k}[x_w \ y_w \ z_w] \begin{bmatrix} -\sin\theta_1\cos\theta_2 \\ \sin\theta_2 \\ \cos\theta_1\cos\theta_2 \end{bmatrix} + \dfrac{z_f}{k}}$$

$$= \frac{[x_w \ y_w \ z_w] \begin{bmatrix} \cos\theta_1 & \sin\theta_1 \sin\theta_2 & -\sin\theta_1\cos\theta_2 \\ 0 & \cos\theta_2 & \sin\theta_2 \\ \sin\theta_1 & -\cos\theta_1\sin\theta_2 & \cos\theta_1\cos\theta_2 \end{bmatrix} - [x_f \ y_f \ z_f - k]}{\dfrac{1}{k}(\sin\theta_1\cos\theta_2 \cdot x_w - \sin\theta_2 \cdot y_w - \cos\theta_1\cos\theta_2 \cdot z_w + z_f)}$$

$$\equiv \frac{[x_w \ y_w \ z_w] \begin{bmatrix} a & b & c \\ d & e & f \\ g & h & i \end{bmatrix} + [t_x \ t_y \ t_z]}{p x_w + q y_w + r z_w + s}$$

上式において、

162

$a = \cos\theta_1$

$b = \sin\theta_1 \sin\theta_2$

$c = -\sin\theta_1 \cos\theta_2$

$d = 0$

$e = \cos\theta_2$

$f = \sin\theta_2$

$g = \sin\theta_1$

$h = -\cos\theta_1 \sin\theta_2$

$i = \cos\theta_1 \cos\theta_2$

$t_x = -x_f$

$t_y = -y_f$

$t_z = -z_f + k$

$p = \sin\theta_1 \cos\theta_2/k$

$q = -\sin\theta_2/k$

$r = -\cos\theta_1 \cos\theta_2/k$

$s = z_f/k$

ここに、

$$\cos\theta_1 = \frac{z_f - z_a}{\sqrt{(x_f - x_a)^2 + (z_f - z_a)^2}} \qquad \sin\theta_1 = \frac{x_a - x_f}{\sqrt{(x_f - x_a)^2 + (z_f - z_a)^2}}$$

$$\cos\theta_2 = \frac{\sqrt{(x_f - x_a)^2 + (z_f - z_a)^2}}{\sqrt{(x_f - x_a)^2 + (y_f - y_a)^2 + (z_f - z_a)^2}} \qquad \sin\theta_2 = \frac{y_f - y_a}{\sqrt{(x_f - x_a)^2 + (y_f - y_a)^2 + (z_f - z_a)^2}}$$

である（図 A-2 参照）。

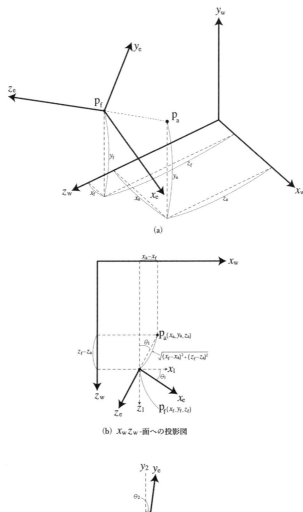

(a)

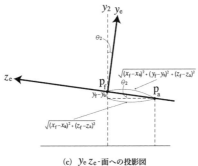

(b) $x_w z_w$-面への投影図

(c) $y_e z_e$-面への投影図

図 A-2　ワールド座標系と視点座標系の関係

以上より透視変換後の座標データは、

$$x_q = \frac{a\,x_w + d\,y_w + g\,z_w + t_x}{p\,x_w + q\,y_w + r\,z_w + s}$$

$$= \frac{k\,(\cos\theta_1 \cdot x_w + \sin\theta_1 \cdot z_w - x_f)}{\sin\theta_1\cos\theta_2 \cdot x_w - \sin\theta_2 \cdot y_w - \cos\theta_1\cos\theta_2 \cdot z_w + z_f}$$

$$y_q = \frac{b\,x_w + e\,y_w + h\,z_w + t_y}{p\,x_w + q\,y_w + r\,z_w + s}$$

$$= \frac{k\,(\sin\theta_1\sin\theta_2 \cdot x_w + \cos\theta_2 \cdot y_w - \cos\theta_1\sin\theta_2 \cdot z_w - y_f)}{\sin\theta_1\cos\theta_2 \cdot x_w - \sin\theta_2 \cdot y_w - \cos\theta_1\cos\theta_2 \cdot z_w + z_f}$$

$$z_q = \frac{c\,x_w + f\,y_w + i\,z_w + t_z}{p\,x_w + q\,y_w + r\,z_w + s}$$

$$= \frac{k\,(-\sin\theta_1\cos\theta_2 \cdot x_w + \sin\theta_2 \cdot y_w + \cos\theta_1\cos\theta_2 \cdot z_w - z_f + k)}{\sin\theta_1\cos\theta_2 \cdot x_w - \sin\theta_2 \cdot y_w - \cos\theta_1\cos\theta_2 \cdot z_w + z_f}$$

図A-3に、ワールド座標系において、視点 P_f（$-1850, 1050, 6000$）、注視点 P_a（$750, 600, 1500$）を与えたときの透視図を示す。

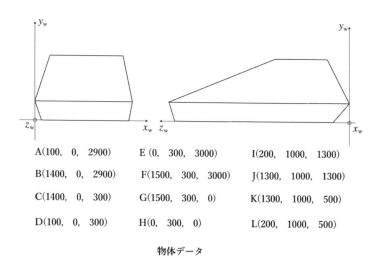

A(100, 0, 2900)	E (0, 300, 3000)	I(200, 1000, 1300)
B(1400, 0, 2900)	F(1500, 300, 3000)	J(1300, 1000, 1300)
C(1400, 0, 300)	G(1500, 300, 0)	K(1300, 1000, 500)
D(100, 0, 300)	H(0, 300, 0)	L(200, 1000, 500)

物体データ

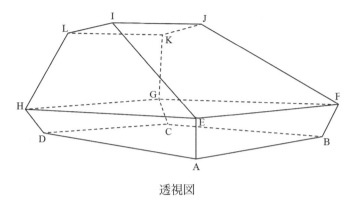

透視図

図 A-3　透視図作成の例題

A2　同次図形変換

　一般には同次座標によるベクトル $[w\,X\,Y\,Z]$ に対して演算を行うが、ユークリッド・データであることが既知である場合（すなわち $w \neq 0$）には、簡単化のために $w = 1$ とし、$[1\,x\,y\,z]$ を用いてよい。以下、参考文献[2] による。

3次元線形変換

　3次元線形変換の一般形は、

$$[1\ x\ y\ z]\begin{bmatrix} 1 & 0 & 0 & 0 \\ 0 & a & b & c \\ 0 & d & e & f \\ 0 & g & h & i \end{bmatrix} = [1\ x*\ y*\ z*]$$

となる。

　上式は行列要素の数値を適当に選べば、3次元の点 (x, y, z) に対し、x-軸方向、y-軸方向、z-軸方向への拡大、縮小や x-軸回り、y-軸回り、

z-軸回りの回転などを行う。

　例えば、回転行列は、

$$\begin{bmatrix} 1 & 0 & 0 & 0 \\ 0 & 1 & 0 & 0 \\ 0 & 0 & \cos\theta & \sin\theta \\ 0 & 0 & -\sin\theta & \cos\theta \end{bmatrix} \qquad \begin{bmatrix} 1 & 0 & 0 & 0 \\ 0 & \cos\theta & 0 & -\sin\theta \\ 0 & 0 & 1 & 0 \\ 0 & \sin\theta & 0 & \cos\theta \end{bmatrix} \qquad \begin{bmatrix} 1 & 0 & 0 & 0 \\ 0 & \cos\theta & \sin\theta & 0 \\ 0 & -\sin\theta & \cos\theta & 0 \\ 0 & 0 & 0 & 1 \end{bmatrix}$$

x - 軸回りの回転　　　　　　　y - 軸回りの回転　　　　　　　　z - 軸回りの回転

3次元アフィン変換

　3次元線形変換の後、x-軸方向に t_x、y-軸方向に t_y、z-軸方向に t_z だけ平行移動する3次元アフィン変換は、

$$[1\ x\ y\ z]\begin{bmatrix} 1 & t_x & t_y & t_z \\ 0 & a & b & c \\ 0 & d & e & f \\ 0 & g & h & i \end{bmatrix} = [1\ x*\ y*\ z*]$$

となる。

3次元一般射影変換

　3次元の一般的な射影変換は次式で表される。

$$[w\ X\ Y\ Z]\begin{bmatrix} s & t_x & t_y & t_z \\ p & a & b & c \\ q & d & e & f \\ r & g & h & i \end{bmatrix} = [w*\ X*\ Y*\ Z*]$$

　上式は、ユークリッド座標に基づく方式では複雑になる3次元一般射影変換が、4次元同次座標を用いることにより、線形変換として簡単に

行われることを示している。

　すなわち4次元同次空間において、点 P（w, X, Y, Z）は単一な行列の乗算により変換後、点 $P*$（$w*, X*, Y*, Z*$）となる。その点を原点に中心投影すれば、3次元一般射影変換後のユークリッド座標点（1, $x*, y*, z*$）が得られる（図 A-4）。

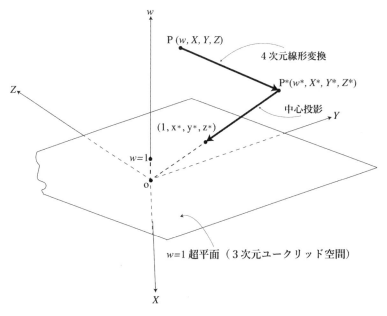

図 A-4　3次元一般射影変換におけるユークリッド座標への変換プロセス

　ここで、以前に示した透視図を作る問題を同次処理で行ってみよう。

　ワールド座標系で表されている物体を投影座標系 $x_p y_p z_p$ の表現に変換するには、

$$M_\mathrm{y}=\begin{bmatrix}1 & 0 & 0 & 0\\ 0 & \cos\theta_1 & 0 & -\sin\theta_1\\ 0 & 0 & 1 & 0\\ 0 & \sin\theta_1 & 0 & \cos\theta_1\end{bmatrix}\quad M_\mathrm{X}=\begin{bmatrix}1 & 0 & 0 & 0\\ 0 & 1 & 0 & 0\\ 0 & 0 & \cos\theta_2 & \sin\theta_2\\ 0 & 0 & -\sin\theta_2 & \cos\theta_2\end{bmatrix}$$

$$M_\mathrm{t1}=\begin{bmatrix}1 & -x_\mathrm{f} & -y_\mathrm{f} & -z_\mathrm{f}\\ 0 & 1 & 0 & 0\\ 0 & 0 & 1 & 0\\ 0 & 0 & 0 & 1\end{bmatrix}\quad M_\mathrm{t2}=\begin{bmatrix}1 & 0 & 0 & k\\ 0 & 1 & 0 & 0\\ 0 & 0 & 1 & 0\\ 0 & 0 & 0 & 1\end{bmatrix}$$

とすれば、

$$[\,1\ x_\mathrm{p}\ y_\mathrm{p}\ z_\mathrm{p}\,]=[\,1\ x_\mathrm{w}\ y_\mathrm{w}\ z_\mathrm{w}\,]\,M_\mathrm{y}M_\mathrm{x}M_\mathrm{t1}M_\mathrm{t2}$$

$$=[\,1\ x_\mathrm{w}\ y_\mathrm{w}\ z_\mathrm{w}\,]\begin{bmatrix}1 & 0 & 0 & 0\\ 0 & \cos\theta_1 & 0 & -\sin\theta_1\\ 0 & 0 & 1 & 0\\ 0 & \sin\theta_1 & 0 & \cos\theta_1\end{bmatrix}\begin{bmatrix}1 & 0 & 0 & 0\\ 0 & 1 & 0 & 0\\ 0 & 0 & \cos\theta_2 & \sin\theta_2\\ 0 & 0 & -\sin\theta_2 & \cos\theta_2\end{bmatrix}\begin{bmatrix}1 & -x_\mathrm{f} & -y_\mathrm{f} & -z_\mathrm{f}\\ 0 & 1 & 0 & 0\\ 0 & 0 & 1 & 0\\ 0 & 0 & 0 & 1\end{bmatrix}\begin{bmatrix}1 & 0 & 0 & k\\ 0 & 1 & 0 & 0\\ 0 & 0 & 1 & 0\\ 0 & 0 & 0 & 1\end{bmatrix}$$

$$=[\,1\ x_\mathrm{w}\ y_\mathrm{w}\ z_\mathrm{w}\,]\begin{bmatrix}1 & -x_\mathrm{f} & -y_\mathrm{f} & -z_\mathrm{f}+k\\ 0 & \cos\theta_1 & \sin\theta_1\sin\theta_2 & -\sin\theta_1\cos\theta_2\\ 0 & 0 & \cos\theta_2 & \sin\theta_2\\ 0 & \sin\theta_1 & -\cos\theta_1\sin\theta_2 & \cos\theta_1\cos\theta_2\end{bmatrix}$$

ところで、投影座標系 xyz で記述された物体（z が負の領域に存在）に対し（図 A-5）、z 軸上、$z = +k$ の位置にある視点に対する透視投影を行う行列は、図 A-5を参照することにより、

$$M_\mathrm{p}=\begin{bmatrix}1 & 0 & 0 & 0\\ 0 & 1 & 0 & 0\\ 0 & 0 & 1 & 0\\ -\frac{1}{k} & 0 & 0 & 1\end{bmatrix}$$

として、結局透視変換のすべての過程は次式で表される。

ユークリッド幾何的ニュートン・ラフソン法

ニュートン・ラフソン法

式により表された $y = f(x)$ において、$f(x) = 0$ とする方程式の解める問題を逐次近似方式で求める手法としてニュートン・ラフソン（Newton-Raphson）法が知られている。

解が逐次、

$$x_0, x_1, \cdots, x_i, x_{i+1}, \cdots$$

して求まるとき、 (A-1)

$$x_{i+1} = x_i + \delta x_i$$

における δx_i を、テイラー展開における最初の二つの項から求める。すなわちテイラー展開、

$$f(x_i+\delta x_i) = f(x_i) + \frac{\dot f(x_i)}{1!}\delta x_i + \frac{\ddot f(x_i)}{2!}(\delta x_i)^2 + \cdots$$

において、最初の二つの項の和を0と置くと、 (A-2)

$$\delta x_i = -\frac{f(x_i)}{\dot f(x_i)}$$

が得られるので、式 (A-1) は、 (A-3)

$$x_{i+1} = x_i - \frac{f(x_i)}{\dot f(x_i)}$$

となる。

式 (A-3) に基づく方程式の根の解法がニュートン・ラフソン法と言われる（図 A-6）。ニュートン・ラフソン法によれば、比較的高速に高精度な解が得られる。

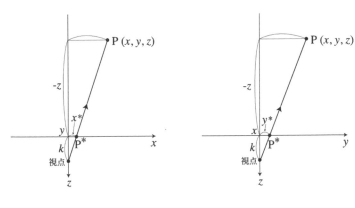

$$x^* = \frac{kx}{k-z} \quad y^* = \frac{ky}{k-z} \quad z^* = \frac{kz}{k-z}$$

すなわち

$$[w\,X\,Y\,Z]\begin{bmatrix} 1 & 0 & 0 & 0 \\ 0 & 1 & 0 & 0 \\ 0 & 0 & 1 & 0 \\ -\frac{1}{k} & 0 & 0 & 1 \end{bmatrix} = [w^*\,X^*\,Y^*\,Z^*]$$

図 A-5　透視投影の関係と数式

$$[w_q\ \ X_q\ \ Y_q\ \ Z_q] = [1\ x_w\,y_w\,z_w]M_yM_xM_{t1}M_{t2}M_p$$

$$= [1\ x_w\,y_w\,z_w]\begin{bmatrix} 1 & -x_f & -y_f & -z_f+k \\ 0 & \cos\theta_1 & \sin\theta_1\sin\theta_2 & -\sin\theta_1\cos\theta_2 \\ 0 & 0 & \cos\theta_2 & \sin\theta_2 \\ 0 & \sin\theta_1 & -\cos\theta_1\sin\theta_2 & \cos\theta_1\cos\theta_2 \end{bmatrix}\begin{bmatrix} 1 & 0 & 0 & 0 \\ 0 & 1 & 0 & 0 \\ 0 & 0 & 1 & 0 \\ -\frac{1}{k} & 0 & 0 & 1 \end{bmatrix}$$

$$= [1\ x_w\,y_w\,z_w]\begin{bmatrix} \dfrac{z_f}{k} & -x_f & -y_f & -z_f+k \\[2mm] \dfrac{\sin\theta_1\cos\theta_2}{k} & \cos\theta_1 & \sin\theta_1\sin\theta_2 & -\sin\theta_1\cos\theta_2 \\[2mm] -\dfrac{\sin\theta_2}{k} & 0 & \cos\theta_2 & \sin\theta_2 \\[2mm] -\dfrac{\cos\theta_1\cos\theta_2}{k} & \sin\theta_1 & -\cos\theta_1\sin\theta_2 & \cos\theta_1\cos\theta_2 \end{bmatrix}$$

従って、

付録　3次元ユークリ

$$w_q = (\sin\theta_1\cos\theta_2{\cdot}x_w - \sin\theta_2{\cdot}y_w - \cos\theta_1\cos$$

$$X_q = \cos\theta_1{\cdot}x_w + \sin\theta_1{\cdot}z_w - x_f$$

$$Y_q = \sin\theta_1\sin\theta_2{\cdot}x_w + \cos\theta_2{\cdot}y_w - \cos\theta_1\sin\theta_2{\cdot}z_w.$$

$$Z_q = -\sin\theta_1\cos\theta_2{\cdot}x_w + \sin\theta_2{\cdot}y_w + \cos\theta_1\cos\theta_2{\cdot}z_w.$$

よって、

$$x_q = X_q/w_q$$
$$= k(\cos\theta_1{\cdot}x_w + \sin\theta_1{\cdot}z_w - x_f)/(\sin\theta_1\cos\theta_2{\cdot}x_w - $$
$$z_w + z_f)$$

$$y_q = Y_q/w_q$$
$$= k(\sin\theta_1\sin\theta_2{\cdot}x_w + \cos\theta_2{\cdot}y_w - \cos\theta_1\sin\theta_2{\cdot}z_w - y_f)/($$
$$y_w - \cos\theta_1\cos\theta_2{\cdot}z_w + z_f)$$

$$z_q = Z_q/w_q$$
$$= k(-\sin\theta_1\cos\theta_2{\cdot}x_w + \sin\theta_2{\cdot}y_w + \cos\theta_1\cos\theta_2{\cdot}z_w - z_f + k)/(\sin$$
$${\cdot}y_w - \cos\theta_1\cos\theta_2{\cdot}z_w + z_f)$$

以上の結果は、すでに示したユークリッド処理の場合と
同次処理においては射影変換が線形化されるので、変換は
4行列により統一的に表され、引き続く変換はその行列の積
一の4×4行列にまとめられる。

A3　ユ

A3.1
　多項
根を求
ン（Ne
　近似

と

に
す

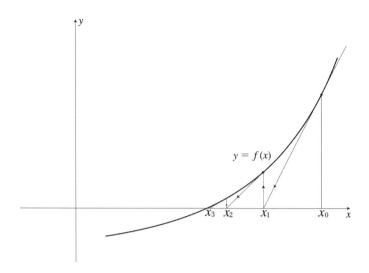

図 A-6　ニュートン・ラフソン法

A3.2　ユークリッド幾何的ニュートン・ラフソン法

　平面曲線と線分との交点算出問題を例にして、従来から普通に用いられているユークリッド幾何的ニュートン・ラフソン法を以下に示す。対象曲線が通常多項式である場合と有理多項式である場合に分けて扱う。

曲線が通常多項式である場合

　A3.1 節で述べたニュートン・ラフソン法に準拠し、パラメトリックな通常多項式による平面曲線、

$$\boldsymbol{p}(t) = [x(t)\ y(t)]$$

と、点 v_a, v_b による線分、

$$\boldsymbol{v}(u) = (1-u)\boldsymbol{v}_a + u\boldsymbol{v}_b \qquad 0 \leqq u \leqq 1$$
$$\boldsymbol{v}_a = [x_a\ y_a]、\ \boldsymbol{v}_b = [x_b\ y_b]$$

との交点を求める問題を考える（図 A-7）。

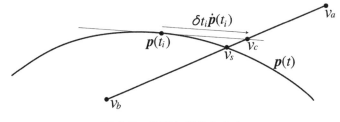

図 A-7　曲線と線分の交点

　曲線と線分上の点が交点の十分近傍にあるとすれば、次式を満足する δt_i と δu_i が存在する。すなわち、

$$\boldsymbol{p}(t_i{+}\delta t_i) = \boldsymbol{v}(u_i{+}\delta u_i)$$

上式の両辺をテイラー展開し、1 次項までを取り出すと、

$$\boldsymbol{p}(t_i){+}\delta t_i\,\dot{\boldsymbol{p}}(t_i) = \boldsymbol{v}(u_i){+}\delta u_i\dot{\boldsymbol{v}}(u_i)$$
$$= (1{-}u_i{-}\delta u_i)\boldsymbol{v}_a{+}(u_i{+}\delta u_i)\boldsymbol{v}_b$$

上式は、$\boldsymbol{p}(t_i){+}\delta t_i\,\dot{\boldsymbol{p}}(t_i)$、$\boldsymbol{v}_a$、$\boldsymbol{v}_b$ が 1 次従属であることを意味する。したがって、

$$\begin{vmatrix} 1 & x(t_i)+\delta t_i\,\dot{x}(t_i) & y(t_i)+\delta t_i\,\dot{y}(t_i) \\ 1 & x_a & y_a \\ 1 & x_b & y_b \end{vmatrix} = 0$$

上式より δt_i を求めると次式が得られる。すなわち、

$$\delta t_i = -\frac{\begin{vmatrix} x(t_i)-x_a & y(t_i)-y_a \\ x_b-x_a & y_b-y_a \end{vmatrix}}{\begin{vmatrix} \dot{x}(t_i) & \dot{y}(t_i) \\ x_b-x_a & y_b-y_a \end{vmatrix}} \tag{A-4}$$

曲線が有理多項式である場合

有理多項式曲線を便宜上、形式的に3次元表示により示す。すなわち、

$$p(t)=[\ 1\ \ x(t)\ \ y(t)\ ]=[\ 1\ \ \frac{X(t)}{w(t)}\ \ \frac{Y(t)}{w(t)}\ ]$$

通常多項式の場合とまったく同様にして、δt_i は次式として求まる。すなわち、

$$\delta t_i = -\frac{\begin{vmatrix} \dfrac{X(t_i)}{w(t_i)}-x_a & \dfrac{Y(t_i)}{w(t_i)}-y_a \\[2ex] x_b-x_a & y_b-y_a \end{vmatrix}}{\begin{vmatrix} \dfrac{\dot{X}(t_i)w(t_i)-X(t_i)\dot{w}(t_i)}{w^2(t_i)} & \dfrac{\dot{Y}(t_i)w(t_i)-Y(t_i)\dot{w}(t_i)}{w^2(t_i)} \\[2ex] x_b-x_a & y_b-y_a \end{vmatrix}} \tag{A-5}$$

上式で、$w(t)=1$ とすれば、当然のことながら、式（A-4）に一致する。

A3.3　ユークリッド幾何的ニュートン・ラフソン法の問題点

有理多項式を処理する場合に、式（A-5）を用いるユークリッド幾何的ニュートン・ラフソン法には、大きな問題が存在する。

図A-8には、有理ベジエ曲線と線分との交差例を示す。ベジエ曲線は四つの頂点 q_0、q_1、q_2、q_3 の x, y 座標と w_0、w_1、w_2、w_3 なるウェイトにより定義されている。

図A-9は、初期パラメータ値を変化させた場合のパラメータの収束、非収束の状況を示す。非収束とは、同図の下部の表が示すように、パラメータ値が発散してきわめて大きな値となり、処理が破綻することを示す。

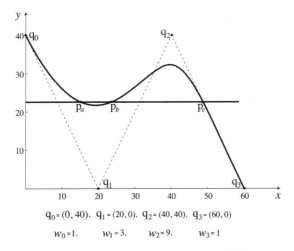

$q_0 = (0, 40),\quad q_1 = (20, 0),\quad q_2 = (40, 40),\quad q_3 = (60, 0)$

$w_0 = 1,\qquad w_1 = 3,\qquad w_2 = 9,\qquad w_3 = 1$

図 A-8　有理ベジエ曲線と線分の交差

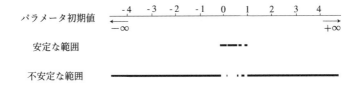

反復回数	初期値 0.5	初期値 0.7
0	0.50000000000000	0.70000000000000
1	0.16936274509804	−0.88040815211995
2	0.34229003494887	−2.0737146408332
3	0.22792555017231	−8.6191804840474
4	0.21765691304635	−124.86741441742
5	0.21713144078115	−24983.420641812
6	0.21712987883649	−996854619.52794
7	0.21712987882260	−1.5870292685864e+018
8		−8.7803503746756e+032
9		8.9074699540767e+047
10		−1.0733480293644e+063
11		1.8161797552409e+078
12		−∞

図 A-9　図 A-8 の例題におけるパラメータの収束・非収束例

　この現象は、ユークリッド幾何的ニュートン・ラフソン法を有理曲線に適用する場合、きわめて頻繁に現れ、重大な問題となる。一方、通常多項式を対象とする場合にはこの現象は現れない。

　有理曲線を対象とする場合、根の近傍に初期値を与えても、別の根に収束するという、解の局所一意性が崩れるという現象が現れることもある。

A4　同次幾何的ニュートン・ラフソン法

　平面有理多項式曲線を表す同次曲線を、

$$\boldsymbol{P}(t) = \left[\, w(t)\ X(t)\ Y(t) \,\right]$$

とし、また二つの同次点 V_a, V_b による同次線分を、

$$\boldsymbol{V}(u) = (1-u)\boldsymbol{V}_a + u\boldsymbol{V}_b \qquad 0 \leq u \leq 1$$
$$\boldsymbol{V}_a = \left[\, w_a\ X_a\ Y_a \,\right]、\ \boldsymbol{V}_b = \left[\, w_b\ X_b\ Y_b \,\right]$$

とする（図 A-10）。

　$\boldsymbol{P}(t_i)$ と $\boldsymbol{V}(u_i)$ が、交点の十分に近傍の位置にあるとしよう。α を 0 でない任意のスカラーとするとき、次式を満足する δt_i と δu_i が存在する。すなわち、

$$\boldsymbol{P}(t_i + \delta t_i) = \alpha \boldsymbol{V}(u_i + \delta u_i)$$

上式のテイラー展開の 1 次項までを取り出すと、

$$\boldsymbol{P}(t_i) + \delta t_i\, \dot{\boldsymbol{P}}(t_i) = \alpha\{\boldsymbol{V}(u_i) + \delta u_i\, \dot{\boldsymbol{V}}(u_i)\}$$
$$= \alpha\{(1 - u_i - \delta u_i)\boldsymbol{V}_a + (u_i + \delta u_i)\boldsymbol{V}_b\}$$

上式は、ベクトル $\boldsymbol{P}(t_i) + \delta t_i\, \dot{\boldsymbol{P}}(t_i)$ が、$\boldsymbol{V}_a$、$\boldsymbol{V}_b$ に 1 次従属であること

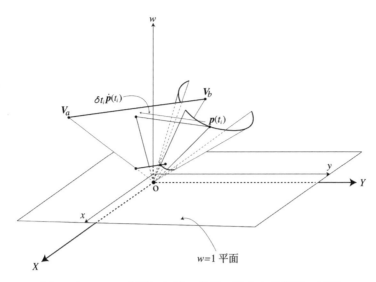

図 A-10 *wXY-* 空間における曲線、線分交差問題の処理

を意味する。したがって、次式が成立する。すなわち、

$$\begin{vmatrix} w(t_i) & X(t_i) + \delta t_i \dot{X}(t_i) & Y(t_i) + \delta t_i \dot{Y}(t_i) \\ w_a & X_a & Y_a \\ w_b & X_b & Y_b \end{vmatrix} = 0$$

を得る。

上式より δt_i を求めると、

$$\delta t_i = - \frac{\begin{vmatrix} w(t_i) & X(t_i) & Y(t_i) \\ w_a & X_a & Y_a \\ w_b & X_b & Y_b \end{vmatrix}}{\begin{vmatrix} \dot{w}(t_i) & \dot{X}(t_i) & \dot{Y}(t_i) \\ w_a & X_a & Y_a \\ w_b & X_b & Y_b \end{vmatrix}} \equiv - \frac{F(t_i)}{\dot{F}(t_i)} \tag{A-6}$$

ここに、

178

$$F(t) = \begin{vmatrix} w(t) & X(t) & Y(t) \\ w_a & X_a & Y_a \\ w_b & X_b & Y_b \end{vmatrix}$$

とする。

A5　ニュートン・ラフソン法における両方式の比較

　ここで有理多項式曲線に対する幾何的ニュートン・ラフソン法に関し、ユークリッド処理と同次処理の特性を、幾何、代数的に、また実験により比較してみよう。

幾何、代数的比較

ユークリッド処理では、有理多項式曲線、

$$p(t) = [\,1\ \ x(t)\ \ y(t)\,] = [\,1\ \ \frac{X(t)}{w(t)}\ \ \frac{Y(t)}{w(t)}\,]$$

を、定義されている通り、そのままユークリッド空間において処理する。

　ところで有理多項式曲線 $p(t)$ は、wXY-同次空間における通常多項式曲線、

$$P(t) = [\,w(t)\ X(t)\ Y(t)\,]$$

の、原点に対する中心射影における、平面 $w=1$ による切断である。すなわち、

$$p(t) = \frac{P(t)}{w(t)}$$

曲線 $P(t)$ が $w=0$ 平面を通過する場合、射影された有理曲線 $p(t)$

は漸近線を持つ（図 A-11）。

　一般に漸近線を有する曲線との交差問題を逐次近似方式で処理する場合、解が発散し易く、処理はきわめて不安定となる。

　一方同次処理の場合には有理曲線を、射影後の曲線ではなく、射影前の wXY-同次空間における状態で、1 次元高い非有理な通常多項式曲線として処理する。したがってこの場合、漸近線は存在せず、処理は非常に安定である。

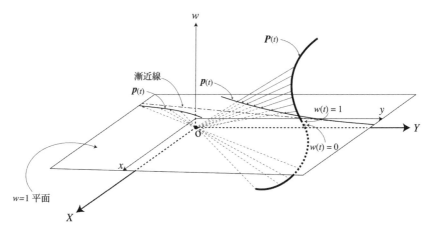

図 A-11　$w = 0$ 平面を通過する曲線は漸近線を持つ

　以下、さらに代数的に比較検討する。

　まず考察を容易化するために、式（A-5）を 3 × 3 行列式の形式に変形する。すなわち、

$$\delta t_i = - \cfrac{\begin{vmatrix} 1 & \dfrac{X(t_i)}{w(t_i)} & \dfrac{Y(t_i)}{w(t_i)} \\ w_a & X_a & Y_a \\ w_b & X_b & Y_b \end{vmatrix}}{\begin{vmatrix} 0 & \dfrac{\dot{X}(t_i)w(t_i)-X(t_i)\dot{w}(t_i)}{w^2(t_i)} & \dfrac{\dot{Y}(t_i)w(t_i)-Y(t_i)\dot{w}(t_i)}{w^2(t_i)} \\ w_a & X_a & Y_a \\ w_b & X_b & Y_b \end{vmatrix}} \tag{A-7}$$

ここで、

$$F(t)=\begin{vmatrix} w(t) & X(t) & Y(t) \\ w_a & X_a & Y_a \\ w_b & X_b & Y_b \end{vmatrix}$$

$$f(t)=\frac{F(t)}{w(t)}$$

と置くと、式（A-7）の分子は、$f(t_i)$ であり、分母は $\dot{f}(t_i)$ である。すなわち式（A-7）は、

$$\delta t_i = -\frac{f(t_i)}{\dot{f}(t_i)} \tag{A-8}$$

となる。

　式（A-8）は、式（A-2）と同形式である。このことから有理曲線と線分とのニュートン・ラフソン法による交点算出問題は、代数方程式 $f(t)=0$ の根の決定問題と等価であると考えることができる。また同様に式（A-6）も式（A-2）と同形式であるので、同次幾何的ニュートン・ラフソン法は、代数方程式 $F(t)=0$ の根の決定問題と等価である。

　両者を比較して分かることは、同次処理は通常多項式 $F(t)$ を対象とするのに対し、ユークリッド処理では $f(t)=F(t)/w(t)$ という、漸近

線を有する、複雑な有理多項式を対象とすることであり、処理の内容が
より複雑化するであろうことは容易に推察できる（図 A-12）。

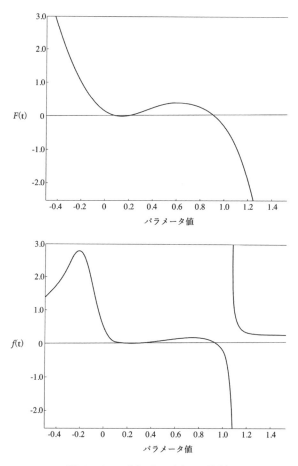

図 A-12　$F(t)$ と $f(t)$ の比較

実験

　有理多項式曲線を対象とする場合、処理が不安定になる場合が頻繁に
生ずることを、図 A-8 の例について示した。

　同じ有理多項式曲線を同次曲線として処理した場合を、ユークリッド

処理の場合と併記したのが図 A-13 である。同次処理で行うと、すべての初期値に対し、まったく安定に解が得られていることが分かる。このような両者の特性の際立った対照は、他の多くの様々な実験例によっても確かめられている。

　さらにまたこの結果は、図形処理は本来的に、ユークリッド空間ではなく同次空間でなされるべきではないかという、従来のユークリッド図形処理に対する根本的な疑念を提起するのである。

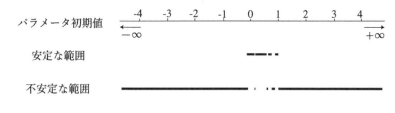

(a)　ユークリッド幾何的ニュートン・ラフソン法

(b)　同次幾何的ニュートン・ラフソン法

図 A-13　有理曲線を対象とする場合におけるユークリッド処理と同次処理の際立った対照

　有理曲線に対しユークリッド幾何的ニュートン・ラフソン法を適用する問題に関して詳しくは文献［2］を参照されたい。

◆ 参考文献
［1］山口富士夫『コンピュータディスプレイによる図形処理工学』日

刊工業新聞社、1981。

［2］ Fujio Yamaguchi: *Computer-Aided Geometric Design—A Totally Four-Dimensional Approach—*, Springer-Verlag, 2002.

山口　富士夫（やまぐち　ふじお）

昭和10年10月、静岡県に生まれる。昭和34年、早稲田大学第一理工学部機械工学科卒業。以後、企業、研究所、九州芸術工科大学に勤務後、昭和61年より早稲田大学教授。この間、昭和53年より1年間、米国ユタ大学CS学科の客員准教授。平成18年より、早稲田大学名誉教授として現在に至る。工学博士。専門はCAD工学。

【著書】
『図形処理工学』（日刊工業、1981）、『形状処理工学[1], [2], [3]』（日刊工業、1982）、*Curves and Surfaces in Computer Aided Geometric Design*（Springer-Verlag, 1988）、*Computer-Aided Geometric Design—A Totally Four-Dimensional Approach—*（Springer-Verlag, 2002）、『価値理論に基づく4次元哲学試論 ― 人間の知的思考を中心とする ―』（東京図書出版）など多数。

4次元知的思考の哲学試論
― 4次元図形処理からの発想 ―

2024年3月9日　初版第1刷発行

著　　者　山口富士夫
発 行 者　中田典昭
発 行 所　東京図書出版
発行発売　株式会社 リフレ出版
　　　　　〒112-0001　東京都文京区白山5-4-1-2F
　　　　　電話 (03)6772-7906　FAX 0120-41-8080
印　　刷　株式会社 ブレイン

© Fujio Yamaguchi
ISBN978-4-86641-721-9 C3041
Printed in Japan 2024

落丁・乱丁はお取替えいたします。
ご意見、ご感想をお寄せ下さい。